土木工程是一个历史悠久、生命力强、投入巨大、对国民经济具有拉动作用、专业覆盖面和行业涉及面极广的一级学科和大型综合性产业，为它编一套集新颖性、实用性和科学性为一体的“简明系列专辑”，既是社会的召唤和需求，也是我们的责任和义务。

新颖性——反映新标准、新规程、新规范、新理论、新技术、新材料、新工艺、新方法。

实用性——深入浅出，让人一看就懂，一懂能用，不是手册，胜似手册。

科学性——编写内容均有出处。

——摘自《简明土木工程系列专辑》总序

Simplified Series of Civil Engineering

清华大学土木工程系组编

丛书主编　崔京浩

周维垣　林鹏　杨若琼　杨强　著

简明土木工程系列专辑

高拱坝地质力学模型试验方法与应用

中国水利水电出版社
www.waterpub.com.cn
知识产权出版社
www.cnipr.com

内容提要

本书系“简明土木工程系列专辑”中的一本。本书反映了拱坝地质力学模型试验的最新理论和技术，主要针对高拱坝结构试验所需要的材料试验理论、材料相似理论、数据测量理论以及模型的测量技术的应用进行了介绍，具有很强的实际指导意义。在传统的拱坝模型试验分析拱坝稳定、应力等问题的基础上，本书增加了基于模型试验成果的拱坝整体稳定评价准则介绍。本书对李家峡、二滩、拉西瓦、溪洛渡、锦屏等实际高拱坝的整体地质模型试验进行了详细介绍，其目的在于总结模型试验的工程意义与作用。

本书可为从事水工结构技术的设计施工及试验人员提供有益帮助，他们可以了解通过物理模型解决重大工程问题的途径以及了解试验理论方法等。

选题策划：阳　淼　张宝林　E-mail：yangsanshui@vip. sina. com；z_baolin@263. net

责任编辑：阳　淼　张宝林

文字编辑：彭天赦

图书在版编目（CIP）数据

高拱坝地质力学模型试验方法与应用/周维垣等著．北京：中国水利水电出版社：知识产权出版社，2008
（简明土木工程系列专辑/崔京浩主编）
ISBN 978-7-5084-5225-8

Ⅰ．高…　Ⅱ．周…　Ⅲ．拱坝—地质力学—模型试验—研究　Ⅳ．TV642．4

中国版本图书馆CIP数据核字（2008）第001404号

简明土木工程系列专辑

高拱坝地质力学模型试验方法与应用

周维垣　林鹏　杨若琼　杨强　著

中国水利水电出版社 / 知识产权出版社　出版 发行（北京市西城区三里河路6号；电话：010-68331835　68357319 / 北京市海淀区马甸南村1号；电话：010-82005070）

北京科水图书销售中心（零售）　电话：(010) 88383994、63202643

全国各地新华书店和相关出版物销售网点经销

中国水利水电出版社微机排版中心排版

北京市兴怀印刷厂印刷

850mm×1168mm　32开　7印张　188千字　1插页

2008年3月第1版　2008年3月第1次印刷

印数：0001—3100册

定价：**18.00**元

ISBN 978-7-5084-5225-8

清华大学土木工程系组编

简明土木工程系列专辑

总序

国务院学位委员会在学科简介中为土木工程所下的定义是："土木工程（Civil Engineering）是建造各类工程设施的科学技术的统称。它既指工程建设的对象，即建造在地上、地下、水中的各种工程设施，也指所应用的材料、设备和所进行的勘测、设计、施工、保养、维修等专业技术"。土木工程是一个专业覆盖面极广的一级学科。

英语中"Civil"一词的意义是民间的和民用的。"Civil Engineering"一词最初是对应于军事工程（Military Engineering）而诞生的，它是指除了服务于战争设施以外的一切为了生活和生产所需要的民用工程设施的总称，后来这个界定就不那么明确了。按照学科划分，地下防护工程、航天发射塔架等设施也都属于土木工程的范畴。

土木工程是国家的基础产业和支柱产业，是开发和吸纳我国劳动力资源的一个重要平台，由于它投入大、带动的行业多，对国民经济的消长具有举足轻重的作用。改革开放后，我国国民经济持续高涨，土建行业的贡献率达到1/3；近年来，我国固定资产的投入接近甚至超过GDP总量的50%，其中绝大多数都与土建行业有关。随着城市化的发展，这一趋势还将继续呈现增长的势头。

相对于机械工程等传统学科而言，土木工程诞生得更早，其发展及演变历史更为古老。同时，它又是一个生命力极强的学科，它强大的生命力源于人类生活乃至生存对它的依赖，甚至可以毫不夸张地说，只要有人类存在，土木工程就有着强大的社会需求和广阔的发展空间。

随着技术的进步和时代的发展，土木工程不断注入新鲜血液，呈现出勃勃生机。其中工程材料的变革和力学理论的发展起着最为重要的推动作用。现代土木工程早已不是传统意义上的砖瓦灰砂石，而是由新理论、新技术、新材料、新工艺、新方法武装起来的为众多领域和行业不可或缺的大型综合性学科，一个古老而又年轻的学科。

综上所述，土木工程是一个历史悠久、生命力强、投入巨大、对国民经济具有拉动作用、专业覆盖面和行业涉及面极广的一级学科和大型综合性产业，为它编写一套集新颖性、实用性和科学性为一体的“简明系列专辑”，既是社会的召唤和需求，也是我们的责任和义务。

清华大学土木工程系是清华大学建校后成立最早的科系之一，历史悠久，实力也比较雄厚，有较强的社会影响和较广泛的社会联系，组编一套“简明土木工程系列专辑”，既是应尽的责任也是一份贡献，但面对土木工程这样一个覆盖面极广的一级学科，我们组编实际起两个作用：其一是组织工作，组织广大兄弟院校及设计施工部门的专家和学者们编写；其二是保证质量的作用，我们有一个较为完善的专家库，必要时请专家审阅、定稿。

简明土木工程系列专辑包括以下几层含义：简明，就是避免不必要的理论证明和繁琐的公式推导，采用简洁明快的表述方法，图文并茂，深入浅出，浅显易懂；系列，指不是一本书而是一套书，这套书力争囊括土木工程涵盖的各个次级学科和专业；专辑，就是以某个特定内容编辑成册的图书，每本书的内容可以是某种结构的分析与计算，某个设计施工方法，一种安装工艺流程，某种监测判定手段，一个特定的行业标准，等等，均可独立成册。

这套丛书不称其为“手册”而命名为“系列专辑”，原因之一是一些特定专题不易用手册的方法编写；原因之二是传统的手册往往“大而全”，书厚且涉及的技术领域多，而任何一个工程技术人员在某一个阶段所从事的具体工作又是针对性很强的，将几个专业甚至一个项目的某个阶段集中在一本“大而全”的手册势必造成携带、查阅上的不方便，加之图书的成本过高，编写机构臃肿，组织协调困难，出书及再版周期过长，以致很难反映现代技术飞速发展、标准规范规程更新速度太快的现实。考虑到这些弊端，这套系列专辑采用小开本，在选题上尽量划分得细一些，视专业、行业、工种甚至流程的不同，能独立成册的绝不合二为一，每本书原则上只讨论一个专题，根据专题的性质和特点有的书名仍冠以“手册”两字。

这套系列专辑的编写严格贯彻“新颖性、实用性、科学性”三大原则。

新颖性，就是充分反映有关新标准、新规程、新规范、新理论、新技术、新材料、新工艺、新方法，老的、过时的、已退出市场的一律不要。体现强劲的时代风貌。

实用性，就是避免不必要的说理和冗长的论述，尽可能从实用的角度用简洁的语言以及数据、表格、曲线图形来表述；深入浅出，让人一看就懂，一懂能用；不是手册，胜似手册。

科学性，就是编写内容均有出处，参考文献除国家标准、行业标准、地方标准必须列出以外，尚包括引用的论文、专著、手册及教科书。

这套系列专辑的读者对象是比较宽泛的，它包括大专院校师生，土木工程领域的管理、设计、施工人员，以及具有一定阅读能力的建筑工人。它既可作为土建技术人员随身携带及时查阅的手册，又可选作大专院校、高职高专的教材及专题性教辅材料。

崔京浩

2005年10月于清华园

崔京浩，男，山东淄博人。1960年清华大学土建系毕业，1964年清华大学结构力学研究生毕业，1986～1988年赴挪威皇家科学技术委员会做博士后，从事围岩应力分析的研究。先后发表论文150多篇，编著专业书4本，参加并组织编写巨著《中国土木工程指南》，任编辑办公室主任，并为该书撰写绪论；主持编写由清华大学土木工程系组编的“土木工程新技术丛书”和“简明土木工程系列专辑”，并任主编。曾任清华大学土木系副系主任，现为中国力学学会理事，《工程力学》学报主编，享受国务院特殊津贴。

前言

当前，在水工设计中为什么还需要做结构模型试验？不是已经有了高速、高精度的数值模拟技术吗？这是当前工程设计中遇到的迫切需要回答的。然而，清华大学水利系脆性结构实验室的成长发展过程，可以清晰地说明这个问题。

1956年，当时的苏联专家高尔竞柯来到清华大学，建议成立水工结构实验室，目的在于研究坝工结构的应力与稳定，这在当时的中国来说还是第一次。水工结构实验室建成后，首先给广东流溪河做了拱坝试验，主要是研究大坝的水力特性，到1958年“大跃进”时期，实验室又先后开展了轻石浆混凝土材料拱坝模型试验和陈村拱坝结构模型试验，目的在于研究大坝的应力分布规律。

20世纪60年代后，清华大学承担了密云水库和青石岭水库的设计。青石岭拱坝坝高125m，地基复杂，当时这成为了设计人员无法计算的难题，清华大学水利系针对此提出了模型试验方法，自此翻开了关于模拟复杂地基上修建拱坝的研究新篇章，并派人到意大利 Bergmo ISMES 学习，开始了地质力学模型试验。

“文化大革命”后，1978年面临高坝上马，实验室先后与当时的西北勘测设计研究院和成都勘测设计研究院协作，开始了龙羊峡重力拱坝、李家峡拱坝及二滩高拱坝的整体稳定和基础处理研究，从多方面研究大坝和地基的稳定。此后，我国高拱坝建设一般都需要进行稳定模型试验，要回答稳定安全度和地基处理的合理性，而这些即使应用高精度大规模计算也是难以奏效的。例如，当前世界的高拱坝英古里坝、锦屏一级坝、溪洛渡坝和小湾坝等都做了地质力学模型试验，以回答工程设计中的问题。

多年来，清华大学水利系的老师们从无到有，从试验技术理论到实践，进行了艰苦的探索，并对材料试验理论、材料相似理论和数据量测理论等进行了摸索创新，为我国的高坝建设做出了贡献。其试验的成果《高坝水工结构模型试验》曾获得国家科技进步奖二等奖，主要成果也被编入我国水利行业标准《混凝土拱坝设计规范》（SL282—2003）和电力行业标准《混凝土拱坝设计规范》（DL/T5436—2006）。

40多年来，在张光斗先生指导下，参加试验工作的主要有陈兴华、周维垣、杨若琼、王宙、杨强、沈大利、林鹏、刘耀儒等人，他们为试验付出了血汗！配合试验工作的还有剡公瑞、强天驰、赵吉东、黄岩松、刘元高、陈欣等人，以及中国水电顾问集团所属的多个勘测设计研究院的大力支持，在此一并致谢！

本书是在前人相关研究基础上，对我们试验工作的粗浅总结，40多年来工作很难用这么短的篇幅进行描述，详细试验成果可参考相关文献和生产报告，大量深入细致的总结尚有待今后同仁们的努力。

本书的出版希望能激发同行的兴趣，推动我国的高坝地质力学模型试验研究的进一步发展。时间紧迫，书中疏漏之处在所难免，敬请读者批评指正。

作　者

2007年10月于清华园

目 录

第1章 概论

第1节 地质力学模型试验的意义

地质力学模型试验又称为地壳力学模型试验或岩石力学模型试验。以往常把用力学观点来研究地壳构造变化及地壳运动规律的模拟试验称为地质力学模型试验，这种说法从概念上具有广义性、大范围、宏观和定性等特点。而本书所讨论的地质力学模型试验与上述不同，是指能反映出小范围内具体工程地质构造条件的另一类模型试验。

地质力学模型试验研究的对象是工程结构与周围岩体相统一的实体，既可以精确模拟工程结构的特点，也能近似地模拟岩体及层理、节理、断层等地质因素对岩体工程稳定性的影响，是解决水利、交通和采矿等大型岩土工程结构稳定问题的重要手段。

对大型岩土工程结构的研究，主要采用物理模型和数值模型仿真两种方法。在结构物理试验中主要有电测法和光测法。大型结构试验的线弹性和破坏试验主要采用电测法，对高拱坝、地下工程结构等由脆性材料构建的结构，进行地质力学模型试验是电测法的一个重要分支，也是目前国内外广泛使用的一种方法。

尽管随着高性能计算机技术的迅速发展，三维数值模拟仿真（数值试验）方法已广泛应用于高拱坝结构整体稳定分析研究，但由于高拱坝所处的地质环境、地应力条件一般非常复杂，目前很难有效建立与实际相适应的精细网格模型，很难对大坝开裂及破坏全过程进行追踪仿真分析。模型试验在基本满足相似原理的条件下，更能真实地反映坝肩地质构造和工程结构的空间关系，更准确地模拟施工过程和影响；能更直观地展现大坝的破坏全过程，使研究者更容易从全局上把握工程整体力学特征、变形趋势和稳定性特点，从而对坝型以及附属结构的设计做出相应的优化。因此，地质力学模型试验研究方法在高拱坝的稳定分析研究中仍然是必要的。

随着国内外拱坝建设的复杂程度和拱坝高度的不断增加，引起地质问题的复杂程度日益增加，涉及的问题不是简单的大坝高度增加的量变，而是涉及常规设计原则、方法、手段及判据需要改变的质变过程。当前我国在建的有一大批特高拱坝，如构皮滩（232.5m）、拉西瓦（250m）、溪洛渡（278m）、小湾（294.5m）和锦屏一级（305m）等，随着这些高拱坝的建设，在特高拱坝的地质缺陷处理和稳定分析，多目标设计，地质力学模型试验，以及适用特高拱坝的材料、施工工艺等问题方面不能墨守成规，必须在总结经验教训的基础上有所创新和前进。这些创新研究不仅应体现克服传统物理模型试验与数值方法相比较的弱点，如方案调整不灵活、有尺寸效应、试验难技术度大、费用高、不能模拟渗流和温度效应等，而且要适应新时代的发展，引进新的试验装置，使之更好、更全面、更真实模拟特高拱坝的开裂及基础破坏全过程，为国民经济服务。因此，在当前我国特高拱坝等大型岩土工程建设的高潮阶段，结合实际工程，开展高拱坝地质力学模型试验研究仍然具有重要的科学及工程应用价值。

第2节　高拱坝地质力学模型试验的特点

运用地质力学模型试验对高拱坝进行试验可分为线弹性应力模型试验和破坏试验两类。线弹性应力模型试验研究高拱坝在正常工作状态下的结构形态，即研究坝体和基础建基面在正常水荷载下的应力分布和变形状态，找出基础的薄弱区域，为加固处理设计提供参考。破坏试验则是通过超载加载或降强加载，或降强和超载联合作用综合加载直至模型破坏，从而研究高拱坝的坝体或基础的开裂，扩展机制，浅层抗滑以及大坝基础的整体安全度。

高拱坝的地质力学模型试验一般需要模拟复杂的地基条件，模型中除要能模拟出岩体中的断层、破碎带及软弱带，一些主要节理裂隙组，有时还包括更小的密集裂隙带，即Ⅳ级结构面，如对小湾拱坝左、右坝肩Ⅳ级结构面的模拟。这些模拟不但应能体现出岩体的非均匀、各向异性、非弹性及非连续、多裂隙体等基本力学特征，而且模型的几何尺寸、边界条件及作用荷载、模拟岩体的模型材料的容重、强度及变形特性等方面，均须满足相似理论的要求。

高拱坝地质力学模型按照严格的相似条件，可以在模型上观测到对应一定的荷载如正常水荷载下变形与应变，这是最基本的模型试验的任务，借助于地质力学模型的变形，换算成大坝的原型变形，从而可以观测到如下的变形：

(1) 水荷载增量加载，即在大坝上增加一个定量的荷载，同时观测记录与之对应的变形和坝体的应变，这是静力的试验结果。

(2) 不断地增加外荷载，大坝上或坝肩岩体上，将出现弹性变形、塑性变形以至于流变形变，都可以通过电阻丝片和位移计测试出来。

根据以上的变形，就可以预测未来大坝的工作状态：

(1) 弹性变形、小变形阶段、变形稳定。

(2) 塑性状态，对应一定阶段变形稳定。

(3) 开裂变形状态对应的变形稳定。

(4) 整体破坏状态变形失稳。

高拱坝地质力学模型可以模拟地质体与混凝土坝体及地应力，模拟大坝蓄水期的弹性状态，以及模拟大坝的破坏过程。由于模拟了地质体及混凝土坝体，故大坝试验可以模拟施工状态，也可以模拟蓄水状态以及模拟极限状态，这样就可以模拟多种力学状态，如小变形、弹性、非线性弹性、塑性屈服、开裂破坏和流变状态等。

高拱坝地质力学模型试验还可以研究未来大坝的状态，特别是当前理论分析所难以解决的问题：

（1）在一般高拱坝建造的地基内，多数存在着复杂的地质构造。这些构造，有可能削弱地基刚度使大坝变形过大，因此地质构造对稳定的安全影响应当分析清楚，如高拱坝中的断层如何加强，如何分析它们的影响，如何评价其安全度。这可以通过对坝基岩体的评价分析，得到坝基构造的影响，例如，二滩、拉西瓦、构皮滩、锦屏一级、溪洛渡和小湾等大坝模型，都要求反映大坝基础中的主要断层、夹层对大坝的影响。为此，地质力学模型需要模拟断层及裂隙构造并在连续加载的状态下，比较大坝的变形，从而分析构造带对大坝的变形及超载能力的影响。

（2）通过模型试验，可以得到大坝结构与结构基础的相互影响，观测大坝开裂破坏与结构基础开裂破坏的相互影响，评价分析坝体与基础连接的薄弱地区的破坏机制，从而对坝基加固方案做出评价。

（3）模拟大坝及地基中的构造，将模型连续加载直到大坝破坏，如 $6P_0$（即 6 倍正常水载），此时对应大坝破坏。为了提高模型的承载力，对模型中模拟的构造进行加固处理，通过比较超载能力，可以修改并改进加固措施。通过变形开裂的过程，可以观测到模型的开裂破坏顺序，从而可以分析大坝的破坏全过程机制，如破坏出现在地基的某个结构，或出现在大坝的不良设计中，探讨大坝的渐进破坏机制可以为提高大坝的承载力提出具体的优化设计方案。

第 3 节　国内外研究现状及发展趋势

国外在 20 世纪 50 年代就开始将地质力学模型试验运用到拱坝的破坏研究。在 1967 年举行的第九届国际大坝会议及同年举行的国际岩石力学会议上提出了在模型中用材料的块体组合来模拟多裂隙介质岩体的设想。到了20世纪七八十年代，世界各发达国家如美国、德国、南斯拉夫、瑞典、瑞士、前苏联、日本和意大利等，都曾广泛地开展大坝的模型试验工作，这其中早期比较著名的工作是意大利贝加莫结构与模型试验研究所（ISMES）用地质力学模型对大坝的稳定性进行研究，并给出了很有意义的成果。在南斯拉夫的地质与基础工程学院进行的格兰卡尔沃拱坝的地质力学模型试验规模巨大，试验也十分成功。1979年的地质力学模型国际讨论会就是在贝加莫结构与模型试验研究所召开的，会上分别对地质力学模型试验的理论、技术及在大坝、边坡、洞室等工程领域的应用作了介绍。近几年来由于这些国家建坝高峰已过，他们基本不再开展拱坝的地质力学模型试验。目前国外具有较大规模大坝实验室的有俄罗斯国家水工科学研究所、法国国家水工实验室和印度中央水利水电研究所等。

我国在20世纪50年代中后期，一些科研单位就开展了地质力学模型试验研究。例如，清华大学水利系自1956年在我国首次对广东流溪河拱坝进行结构试验以来，除进行模型材料研究外，一直在进行拱坝坝基和坝肩稳定性的模型试验研究，先后完成了国内龙羊峡重力拱坝模型试验及三维小块体地质力学模型试验，之后研究了二滩、李家峡、紧水滩、东风、小湾、凤滩、铜头、溪洛渡和锦屏一级等拱坝的整体稳定性，大坝超载能力与破坏机理以及基础加固措施的实际效果。对这些拱坝稳定、安全系数的研究成果被编入水利行业标准《混凝土拱坝设计规范》（SL282—2003）和电力行业标准《混凝土拱坝设计规范》（DL/T5436—2006），近年来针对当前一批高拱坝，如，溪洛渡、锦屏、小湾等开展跟踪三维试验研究，在试验规模、试验方法和试验技术方面已经取得了重要成果。最近，长江水利水电科学研究院岩基所对构皮滩、江口双曲等拱坝及三峡高边坡进行了试验研究，他们也以三峡工程为背景作了大量的地质力学模型试验，取得了很多成果。武汉岩土所对三峡工程左岸厂房坝段进行了深层抗滑稳定性物理模拟试验。四川大学近年来采用降低断层、夹层等结构面的强度方法对国内一些拱坝和高边坡进行了坝肩稳定分析研究。成都理工大学的李天斌也对小湾拱坝坝肩稳定性进行了地质力学模拟研究。

近几年来，随着我国一批特高拱坝的建设，尽管受到了数值计算技术的冲击，但对于这些复杂的特高拱坝工程，按照规范仍需进行地质力学模型试验。随着新的试验方法和试验设备的引入，最近几年来，地质模型试验有加快发展的势头。

目前我国还保留进行大型坝工结构试验的单位主要有：清华大学、四川大学、中国水利水电科学研究院、长江水利水电科学研究院等单位。

我国目前进行的拱坝地质力学模型试验基本采用小块体模拟岩体和地质构造。对于加载技术，国外主要采用千斤顶或小千斤顶群加载，少数采用了千斤顶加分配块系统加载方法。我国模型试验的加载方法多数采用油压千斤顶系统通过分配块或分配梁传递荷载，也有的是采用小千斤顶群方式加载（如长江水利水电科学研究院）或液压囊加载（如前武汉水电学院）。

目前国内加载方法主要原理有超载和降强两种方法，其中超载技术能比较稳定地获得破坏过程的结果，评估大坝整体的安全度。

从以上对目前国内外拱坝的地质力学模型试验方法和技术来看，主要存在以下几个问题：

（1）模拟比例尺一般较小，对300m级的高拱坝一般只能做到1∶250，难以精细地模拟基础Ⅳ结构面对大坝破坏的影响（如小湾拱坝现在要求进行Ⅳ级结构面的模拟，就需要更大比例尺的模型试验）。

（2）加载方式单一，很难考虑复杂地应力和基础多维受力状态。

（3）目前进行的高拱坝模型试验一般都采取超载和降强两种方法，很难考虑温度和渗流对大坝及基础的开裂和破坏过程的影响。

（4）很难对拱坝运行及其开挖全过程进行模拟。

（5）对大坝的破坏过程很难跟踪，特别是上游坝踵的开裂监测跟踪。

综上所述，当前国内外岩土工程界仍然在应用和发展地质力学模型试验技术，并把它视作解决高拱坝及其他岩土结构稳定等复杂问题的一种有效手段。数值方法无法在短期内完全代替地质力学模型试验，针对目前我国西部一批高拱坝的建设以及其伴随出现的高边坡的稳定问题，将来地质力学模型试验的发展主要趋势如下：

（1）为了更精细地模拟高拱坝的基础中断层、夹层、节理和Ⅳ级结构面，将来的模拟比例尺将向更大比例尺的模型试验发展，目前针对300m级高拱坝最大采用的1∶250将向1∶100发展。

（2）为满足模拟实际工程中岩体结构的多维的受力特性，试验的加载方式（特别是考虑地下厂房的试验）也应朝多维方向发展，并且随着伺服加载系统在土木，岩土结构试验中广泛应用，拱坝的加载系统趋势是采用伺服控制系统，这样可以在加载过程中进行实时控制。

（3）为了考虑温度和渗流对大坝及基础的开裂和破坏过程的影响，将来的试验会引入新的加载设备或新的试验材料充分考虑渗流和温度对大坝以及基础开裂的影响，目前清华大学已成功将渗透力引入到锦屏二级深埋长隧洞的围岩稳定的模型试验中。

（4）高拱坝的稳定经常与坝肩建基面或缆机平台开挖引起的边坡稳定结合在一起，因此，将来高拱坝地质力学模型试验的一个重要趋势是对拱坝运行及其建基面边坡开挖全过程进行统一模拟。

（5）随着科技的发展，将实现模型跟踪监测技术的现代化、智能化、可视化，如采用声发射技术监控开裂前兆，微型摄像系统监控上游坝踵开裂，以及内部光纤技术监控坝肩内部的变形状态等。这些新技术已经逐步应用于当今的模型试验中。

（6）为研究工程结构与其有关岩体共同作用下的应力、变形机制及稳定问题。地质力学模型试验将结构模型试验与岩石力学试验融为一体，如近年来，岩石力学试验在模型材料、模拟技术和试验研究诸方面得到广泛的发展，使其由定性分析转向定量分析，并与有限元计算配合进行工程结构与其有关岩体共同作用下稳定性分析，成为在复杂岩体条件下研究工程稳定的应力应变机制的重要手段。岩体力学模型试验不仅可以论证工程设计的可靠度，还可以研究工程处理的部位和措施，与理论计算相辅相成，共同发展，特别是在目前高拱坝建基面嵌深优化的研究中，采用建基面岩石力学试验与结构模型试验相结合开展研究也是将来的发展趋势。

总之，将来高拱坝模型试验将朝着大比例尺、智能化、多维化、可视化、精细化的方向发展。

第 2 章　拱坝地质力学整体模型试验理论方法

第 1 节　模型的相似原理

模型要模拟拱坝结构的几何形状、岩体的物理力学特性以及作用于其上的荷载，基本的理论是模型的相似原理。模型的相似原理是指在模型上重现的物理现象应与原型相似，即要求模型材料、模型形状和荷载等均须遵循一定的规律。这种模型试验，既要研究在正常荷载作用下结构与岩体的变形及应力特性，又要研究超载下的变形和破坏特征，因而兼有线弹性应力模型试验和破坏模型试验的特点，而且，它还模拟了结构与岩体的力学特性。因此，它既要满足结构模型试验的相似关系，又要满足岩体力学模型试验的相似关系。

在进行模型试验时，关键是选择模型材料，因为根据相似原理，模型材料的物理力学特性要满足相应的相似判据，而某种材料的各种物理力学特性以及这些特性之间的关系是客观存在的。因此，如果一种物理力学特性满足相似判据，另外一种物理力学特性就不一定能满足相应的判据。由于目前针对高拱坝模型试验采用的材料大多是脆性材料，具有与混凝土和坝肩岩体大致相同的泊松比，再加上几十年来国内外针对模拟材料的研究取得了不少成果，目前有多种模型脆性材料可供选择，详见本章第 3 节。

1.1　物理现象的相似

自然界一切物质体系有各自不同的变化过程，高拱坝结构也不例外。结构与试验模型的物理现象相似，是指他们发生物理现象的形态和某种变化过程相似。通常所说的“相似”，可能有以下三种情况：①相似，或同类相似（Similitude）；②拟似，或异类相似（Analogy）；③差似，或变态相似（Affinity）。例如，在几何相似的体系中，进行着具有同一物理性质变化过程，而且各体系中对应点上同名物理量具有固定的比数，则称这些物理体系是相似的。

两种现象必须具有同一物理性质，才能有严格定义的相似。例如，机械运动与另一种机械运动相似，热传导过程与另一热传导过程相似；与固体内应力相似的现象是另一固体的内应力状态，流体运动自然应与流体运动相似，与某一流体层流状态下运动相似的流体必须也在层流状态，紊流只能与紊流相似。

如果两个体系的物理性质不同，但它们的变化过程遵循同样的数学规律，如渗流场与电场，扩散与热传导等，也可有广义的相似。热传导现象的变化规律和扩散现象的变化规律可以称为“拟似”，是广义的相似。通过对一种现象的研究去了解与其变化的数学规律相同而物理性质不同的另一现象，就称为“模拟”。每一物理过程都要用各种数量去表征它。表征同一物理属性的数量是“同名的”数量，如长度与长度，加速度与加速度，以及流量与流量等。

在进行模型试验之前，首先要保证所建的物理模型与原结构在物理现象上相似。

1.2 线弹性模型的相似关系

对于线弹性模型来说，可以从弹性力学的基本原理求出相似关系，即模型内所有点均满足平衡方程、相容方程和几何方程；模型表面所有点应满足边界条件；模型材料应像原型一样均服从虎克定理。概括而言，相似原理可表述为：若模型和原型为两个相似系统，则它们的几何特征和各物理量之间必然互相保持一定的比例关系，这样，就可由模型系统的物理量推测原型的相应物理量。

我们把原型(p)和模型(m)间相同的物理量之比称为相似常数(C)，即

$$\left.\begin{array}{ll}\text{几何相似常数} & C_L = \lambda - L_p/L_m \\ \text{应力相似常数} & C_\sigma = \sigma_p/\sigma_m \\ \text{应变相似常数} & C_\varepsilon = \varepsilon_p/\varepsilon_m \\ \text{变形相似常数} & C_\delta = \delta_p/\delta_m \\ \text{变形模量相似常数} & C_E = E_p/E_m \\ \text{泊松比相似常数} & C_\mu = \mu_p/\mu_m \\ \text{边界应力相似常数} & C_{\bar{\sigma}} = \bar{\sigma}_p/\bar{\sigma}_m \\ \text{体积力相似常数} & C_X = X_p/X_m \\ \text{材料密度相似常数} & C_\rho = \rho_p/\rho_m \\ \text{材料比重或容重相似常数} & C_\gamma = \gamma_p/\gamma_m \end{array}\right\} \tag{2.1}$$

根据弹性理论，我们可以写出原型（p）和模型(m)在平面问题下的各方程式。

（1）平衡方程式：

$$\left.\begin{array}{l}\dfrac{\partial(\sigma_x)_p}{\partial x_p} + \dfrac{\partial(\tau_{xy})_p}{\partial y_p} + x_p = 0 \\ \dfrac{\partial(\sigma_y)_p}{\partial y_p} + \dfrac{\partial(\tau_{xy})_p}{\partial y_p} + y_p = 0\end{array}\right\} \tag{2.2}$$

$$\left.\begin{array}{l}\dfrac{\partial(\sigma_x)_m}{\partial x_m} + \dfrac{\partial(\tau_{xy})_m}{\partial y_m} + x_m = 0 \\ \dfrac{\partial(\sigma_y)_m}{\partial y_m} + \dfrac{\partial(\tau_{xy})_m}{\partial y_m} + y_m = 0\end{array}\right\} \tag{2.3}$$

（2）相容方程式：

$$(\partial^2/\partial x_p^2 + \partial^2/\partial y_p^2)[(\sigma_x)_p + (\sigma_y)_p] = 0 \tag{2.4}$$

$$(\partial^2/\partial x_m^2 + \partial^2/\partial y_m^2)[(\sigma_x)_m + (\sigma_y)_m] = 0 \tag{2.5}$$

（3）物理方程式：

$$\left.\begin{array}{l}(\varepsilon_x)_p = \dfrac{1+\mu_p}{E_p}[(1-\mu_p)(\sigma_x)_p - (\sigma_y)_p] \\ (\varepsilon_y)_p = \dfrac{1+\mu_p}{E_p}[(1-\mu_p)(\sigma_y)_p - (\sigma_x)_p] \\ (\gamma_{xy})_p = \dfrac{2(1+\mu_p)}{E_p}(\tau_{xy})_p\end{array}\right\} \tag{2.6}$$

$$\left.\begin{aligned}(\varepsilon_x)_m &= \frac{1+\mu_m}{E_m}[(1-\mu_m)(\sigma_x)_m-(\sigma_y)_m]\\(\varepsilon_y)_m &= \frac{1+\mu_m}{E_m}[(1-\mu_m)(\sigma_y)_m-(\sigma_x)_m]\\(\gamma_{xy})_m &= \frac{2(1+\mu_m)}{E_m}(\tau_{xy})_m\end{aligned}\right\}\tag{2.7}$$

（4）几何方程式：

$$\left.\begin{aligned}(\varepsilon_x)_p &= \partial u_p/\partial x_p\\(\varepsilon_y)_p &= \partial v_p/\partial y_p\\(\gamma_{xy}) &= \partial u_p/\partial y_p+\partial v_p/\partial x_p\end{aligned}\right\}\tag{2.8}$$

$$\left.\begin{aligned}(\varepsilon_x)_m &= \partial u_m/\partial x_m\\(\varepsilon_y)_m &= \partial v_m/\partial y_m\\(\gamma_{xy}) &= \partial v_m/\partial x_m+\partial u_m/\partial y_m\end{aligned}\right\}\tag{2.9}$$

（5）边界条件：

$$\left.\begin{aligned}\overline{X}_p &= (\sigma_x)_p\cos\alpha+(\tau_{xy})_p\sin\alpha\\\overline{Y}_p &= (\sigma_y)_p\sin\alpha+(\tau_{xy})_p\cos\alpha\end{aligned}\right\}\tag{2.10}$$

$$\left.\begin{aligned}\overline{X}_m &= (\sigma_x)_m\cos\alpha+(\tau_{xy})_m\sin\alpha\\\overline{Y}_m &= (\sigma_y)_m\sin\alpha+(\tau_{xy})_m\cos\alpha\end{aligned}\right\}\tag{2.11}$$

式中：α 为边界面的法线与 x 轴所成的角，也即边界面与 y 轴所成的角。

将式（2.1）的有关部分代入式（2.3）可得：

$$\left.\begin{aligned}\frac{C_xC_L}{C_\sigma}\left[\frac{\partial\,(\sigma_x)_p}{\partial\,x_p}+\frac{\partial\,(\varepsilon_{xy})_p}{\partial\,y_p}+X_p\right]=0\\\frac{C_xC_L}{C_\sigma}\left[\frac{\partial\,(\sigma_x)_p}{\partial\,y_p}+\frac{\partial\,(\varepsilon_{xy})_p}{\partial\,x_p}+Y_p\right]=0\end{aligned}\right\}\tag{2.12}$$

将式（2.2）和式(2.12）比较可知，当 $C_xC_L/C_\sigma=1$ 时，则两式完全相同。同样，将式（2.1）中的有关部分代入式（2.5）、式（2.7）、式（2.9）和式(2.11)，当下列公式满足时，则原型与模型相似：

$$C_\sigma/(C_LC_x)=1\tag{2.13a}$$

$$C_\mu = 1 \qquad (2.13b)$$

$$C_\varepsilon(C_E/C_\sigma) = 1 \qquad (2.13c)$$

$$C_\varepsilon = 1 \qquad (2.13d)$$

$$C_{\overline{X}} = C_\sigma \qquad (2.13e)$$

现以大坝模型为例加以说明，主要荷载是水压力和自重。水压力是面积力，且有

$$\left.\begin{aligned}\bar{\sigma}_m &= \gamma_m h_m \\ \bar{\sigma}_p &= \gamma_p h_p\end{aligned}\right\} \qquad (2.14)$$

式中：h 为该点的水头。

自重是体积力，且有

$$\left.\begin{aligned}X_m &= \rho_m g \\ X_p &= \rho_p g\end{aligned}\right\} \qquad (2.15)$$

式中：g 为重力加速度。

将式（2.13e）代入式(2.13a)，并考虑式（2.14）和式(2.15)，得到如下的相似判据：

$$\gamma_p/\gamma_m = \rho_p/\rho_m \qquad (2.16a)$$

利用式（2.13）可得到混凝土坝的相似判据：

$$\sigma_p/\sigma_m = C_L(\gamma_p/\gamma_m) \qquad (2.16b)$$

$$\varepsilon_p/\varepsilon_m = C_L(\gamma_p/\gamma_m)(E_m/E_p) = 1 \qquad (2.16c)$$

$$\delta_p/\delta_m = C_L^2(\gamma_p/\gamma_m)(E_m/E_p) \qquad (2.16d)$$

$$\mu_p = \mu_m \qquad (2.16e)$$

以上关系固然是由二维方程得到，但同理，也适用于三维的情况。

1.3　破坏模型的相似关系

对于破坏模型来说，不仅要求在弹性阶段的模型应力和变形状态与原型相似，还要求在超出弹性阶段后直至破坏为止，模型的应力和变形状态也应与原型相似。在超出弹性阶段之后，结构受到的荷载作用已非单调的了，此时还应满足残余应变相等的条件，即

$$\varepsilon_p^0 = \varepsilon_m^0$$

式中：ε^0 为残余应变。

有些情况还应包括时间因素的影响。若变形随时间而变化（如徐变），则这种变形的研究就变成了流变力学的问题，此时，就必须考虑时间相似常数 C_t。

如设残余应变相似常数 $C_\varepsilon^0 = \varepsilon_m^0/\varepsilon_p^0$，则总结以上所述，弹塑体的相似判据为

$$C_\sigma / C_x C_L = 1 \tag{2.17a}$$

$$C_\mu = 1 \tag{2.17b}$$

$$C_\varepsilon = 1 \tag{2.17c}$$

$$C_E / C_\sigma = 1 \tag{2.17d}$$

$$C_\delta / C_L = 1 \tag{2.17e}$$

$$C_{\bar{\sigma}} / C_\sigma = 1 \tag{2.17f}$$

$$C_\varepsilon^0 = 1 \tag{2.17g}$$

由式（2.17）可见，弹塑性模型的应力应变关系有如下关系：

$$\left.\begin{array}{ll} \text{应变相似} & \varepsilon_m = \varepsilon_p \\ \text{应力相似} & \sigma_m = \sigma_p \end{array}\right\} \tag{2.18}$$

大量的混凝土和岩体的试验研究表明：在多轴应力作用下，混合体和岩体的强度基本上服从 Coulomb－Mohr 理论或 Griffith 强度理论。这两个理论的表达式其外形大致相同。Griffith 认为，一旦边缝上某点的最大拉应力达到理论强度值，材料即开始从该点发生脆性断裂，从而建立起理论公式：

$$(\tau_{xy})_m^2 - 4R_m^t[(\sigma_y)_m + R_m^t] = 0 \tag{2.19}$$

式中：R_m^t 为模型材料的抗拉强度。

当 $(\sigma_y)_m = 0$ 时，$(\tau_{xy})_m$ 相当于模型材料的凝聚力 $\overline{C}_m$。

根据修正的 Griffith 理论可求出抗压与抗拉强度的关系：

$$R_m^c / R_m^t = 4/(\sqrt{1+f_m^2} - f_m) \tag{2.20}$$

式中：R_m^c 为模型材的抗压强度；f_m 为内摩擦系数。

设

$$\left.\begin{aligned}&\text{凝聚力相似常数} && C_{\overline{C}} = \overline{C}_p/\overline{C}_m\\&\text{压强度相似常数} && C_R^c = R_p^c/R_m^c\\&\text{抗拉强度相似常数} && C_R^t = R_p^t/R_m^t\\&\text{内摩擦系数相似常数} && C_f = f_p/f_m\end{aligned}\right\}\tag{2.21}$$

将式（2.21）相应的相似常数和式（2.12）代入式（2.11）后，可求出如下相似判据：

$$\left.\begin{aligned}C_\sigma/C_R^t&=1\\C_\tau/C_R^t&=1\\C_R^c/C_R^t&=1\\C_f&=1\end{aligned}\right\}\tag{2.22}$$

对于材料的极限应变也有一定要求，设原型单轴极限拉应变为 ε_p^t，原型单轴极限亚应变为 ε_p^c，模型单轴极限拉应变为 ε_m^t，原型单轴极限压应变为 ε_p^c，设 $C_\varepsilon^c=\varepsilon_p^c/\varepsilon_m^c$，$C_\varepsilon^t=\varepsilon_p^t/\varepsilon_m^t$，根据式（2.16$c$），极限亚应变应有如下的相似关系式：

$$C_\varepsilon^t = 1, C_\varepsilon^c = 1 \tag{2.23}$$

式（2.22）和式（2.23）给出了进行破坏试验时强度和变形应满足的关系式。通常称完全满足式（2.16）、式（2.22）和式（2.23）的相似判据的模型为完全相似模型。实际上，要获得完全相似模型是很困难的，主要是由于模型材料的 γ_m、ρ_m、E_m、μ_m、R_m^c、R_m^t、f_m、C_m、ε_m^t、ε_m^c 等都是独立的物理量，选用的模型材料不可能同时满足上述物理相似条件，因而，破坏模型试验只能是满足主要的相似判据，这样的模型称为基本相似模型。

综上所述，可以大坝为例将线弹性模型和破坏试验的相似判据列出表 2.1。

1.4　岩体力学模拟的补充相似判据

地质力学模型试验是一种破坏性试验，通常试验时需要加载至模型破坏，因此，要求模型材料与原型材料之间不仅是弹性阶段相似，还要求材料直至破坏的全过程相似。自然界的岩体是经受了多次地壳运动的作用，变成了非均质、各向异性、多裂隙的黏弹塑形体，并被不同的断层所切割，从而增加了岩体模拟的复杂性。

表 2.1 线弹性模型和破坏试验的相似判据表

试验类型	相似判据	混凝土坝在自重和水压力作用下的相似判据
线弹性模型	(1) $C_\sigma/C_x C_L=1$ (2) $C_\mu=1$ (3) $C_\varepsilon C_E/C_\delta=1$ (4) $C_\varepsilon C_L/C_\delta=1$ (5) $C_{\bar{\sigma}}/C_\sigma=1$	(1) $C_\gamma=C_p$ (2) $C_\sigma=C_\gamma C_L$ (3) $C_\varepsilon=C_\gamma C_L/C_E$ (4) $C_\delta=C_\gamma C_L^2/C_E$
破坏模型	(1) $C_\sigma/C_x C_L=1$ (2) $C_\mu=1$ (3) $C_\varepsilon=1$ (4) $C_E/C_\sigma=1$ (5) $C_\delta/C_L=1$ (6) $C_{\bar{\delta}}/C_\sigma=1$ (7) $C_\tau/C_R^t=1$ (8) $C_R^c/C_R^t=1$ (9) $C_\sigma/C_R^t=1$ (10) $C_f=1$ (11) $C_\varepsilon^0=1$ (12) $C_\varepsilon^c=1$ (13) $C_\varepsilon^t=1$	

如前所述，岩体力学模型试验是研究结构及其影响范围内岩体共同作用下应力变形机制及稳定性，也就是说，模型把结构与岩体视为一个整体来研究，因而它必须同时满足工程结构及岩体的模型与原型之间相似性的要求。

从相似理论可知，进行岩体力学模拟试验，除要求弹性阶段的 $C_\varepsilon=1$ 外，还应要求塑性应变比例关系 $C_\varepsilon^0=1$，即弹性应变相似常数 $C_\varepsilon=1$ 和塑性应变相似常数 $C_\varepsilon^p=1$。由此可导出有关相似判据：$C_\sigma=C_E$；$C_\delta=C_L$。如果需要考虑岩体的流变，则要引入时间参数 t，要求

$$C_t = (C_L)^{\frac{1}{2}} \tag{2.24}$$

至于流变特性可引用凯尔文（Kelwin）或伯格斯（Burgers）的流变模型来表达，对于原型与模型中地质构造面或软弱夹层之间的摩擦系数 f 及凝聚力 C，要求

$$\begin{cases} C_f = 1 \\ C_C = C_\sigma \end{cases} \tag{2.25}$$

对于破坏模型试验则要求模型材料的应力应变关系在试验全过程与原型相似，其中包括硬化到软化阶段以及残余强度。图 2.1 为全过程相似的原型材料及模型材料的应力应变曲线。图中，A 点为线弹性极限，B 点为峰值强度，C 点为残余强度。

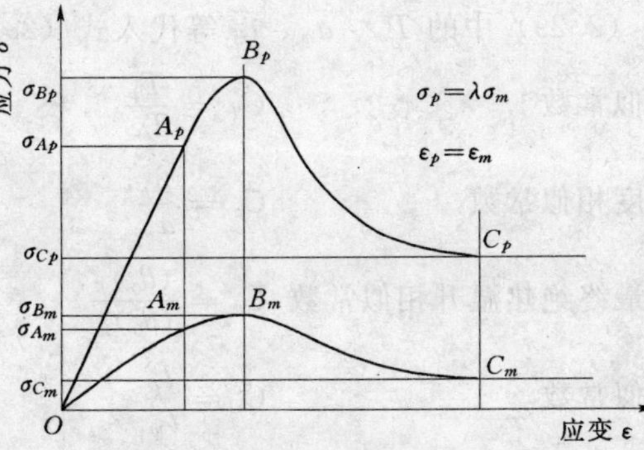

图 2.1　原型材料及模型材料的应力应变曲线

1.5　温度应力模型试验的相似判据

对于高拱坝等大型水工建筑物来说，在某些局部区域由于温度的变化引起的应力常常超过由正常荷载引起的应力，在实际工程中常常会导致大坝的开裂，尽管目前通过三维有限元计算能够近似分析温度开裂问题，但对重要水工建筑物进行温度应力的模型试验，还是很有必要，也是将来模型试验的发展方向之一。温度应力问题其实包含两个问题，一个问题是温度场本身，另一个

问题是在其影响下产生的应力场。混凝土中各点的温度遵循固体的热传导方程，有热源的热传导方程为

$$\frac{\partial T_m}{\partial t_m}=a_m\left(\frac{\partial^2 T_m}{\partial x_m^2}+\frac{\partial^2 T_m}{\partial y_m^2}+\frac{\partial^2 T_m}{\partial z_m^2}\right)+\frac{\partial \theta_m}{\partial t_m} \quad (2.26)$$

式中：T 为温度；t 为时间；a 为导热系数，m^2/h；θ 为绝热条件下由内部热源引起的温度上升。

在水泥水化热的影响下，混凝土的绝热温升可用下式表示：

$$\theta=\theta_0(1-e^{-mt}) \quad (2.27)$$

式中：θ_0 为最终绝热温升；m 为随水泥品种、比表面及浇筑温度而异的常数。

$$\frac{\partial \theta_m}{\partial t_m}=(\theta_0)_m m_m e^{-m_m t} \quad (2.28)$$

将式（2.28）代入式（2.26），并设长度相似常数仍为 $C_l=l_p/l_m$。将式（2.29）中的 T_m、a_m、t_m 等代入式（2.26）：

$$\left.\begin{array}{ll}\text{温度相似常数} & C_T=\dfrac{T_p}{T_m}\\ \text{导热温度相似常数} & C_a=\dfrac{a_p}{a_m}\\ \text{混凝土最终绝热温升相似常数} & C_\theta=\dfrac{(\theta_0)_p}{(\theta_0)_m}\\ \text{时间相似常数} & C_t=\dfrac{t_p}{t_m}\\ m\text{ 系数相似常数} & C_m=\dfrac{m_p}{m_m}\end{array}\right\} \quad (2.29)$$

化简后得温度场相似判据：

$$C_a C_t/C_l^2=1 \quad (2.30a)$$

$$C_\theta/C_T=1 \quad (2.30b)$$

$$C_m C_t=1 \quad (2.30c)$$

对于无内部热源的温度场，只需满足式（2.30a）即可。

我们研究在弹性范围内的温度应力。根据热弹性理论，当无外力时，由温度变化引起的模型的变形方程为

$$\left.\begin{aligned}(\lambda_m+G_m)\frac{\partial e_m}{\partial x_m}+G_m\nabla^2 u_m-\frac{\alpha_m E_m}{1-2\mu_m}\frac{\partial T_m}{\partial x_m}=0\\(\lambda_m+G_m)\frac{\partial e_m}{\partial y_m}+G_m\nabla^2 v_m-\frac{\alpha_m E_m}{1-2\mu_m}\frac{\partial T_m}{\partial y_m}=0\\(\lambda_m+G_m)\frac{\partial e_m}{\partial z_m}+G_m\nabla^2 w_m-\frac{\alpha_m E_m}{1-2\mu_m}\frac{\partial T_m}{\partial z_m}=0\end{aligned}\right\}\tag{2.31}$$

其中

$$e_m=(\varepsilon_x)_m+(\varepsilon_y)_m+(\varepsilon_z)_m$$

$$\lambda_m=\frac{\mu_m E_m}{(1+\mu_m)(1-2\mu_m)}$$

$$\nabla^2=\frac{\partial^2}{\partial x_m^2}+\frac{\partial^2}{\partial y_m^2}+\frac{\partial^2}{\partial z_m^2}$$

式中：∇^2 为拉普拉斯算子；α 为膨胀系数。

设线膨胀系数的相似常数 $C_\alpha=\alpha_p/\alpha_m$，将相关的相似常数代入式（2.31），得温度应力的相似判据为

$$C_\varepsilon C_l/C_\delta=1 \tag{2.32a}$$

$$C_\mu=1 \tag{2.32b}$$

$$C_\alpha C_T/C_\varepsilon=1 \tag{2.32c}$$

$$C_\varepsilon C_E/C_\sigma=1 \tag{2.32d}$$

式 (2.32d) 是根据物理方程[式(2.33)]求出的：

$$\left.\begin{aligned}(\varepsilon_x)_m-\alpha_m T_m=\frac{1}{E_m}[(\sigma_x)_m-\mu_m\{(\sigma_y)_m+(\sigma_z)_m\}]\\(\varepsilon_y)_m-\alpha_m T_m=\frac{1}{E_m}[(\sigma_y)_m-\mu_m\{(\sigma_x)_m+(\sigma_z)_m\}]\\(\varepsilon_z)_m-\alpha_m T_m=\frac{1}{E_m}[(\sigma_z)_m-\mu_m\{(\sigma_x)_m+(\sigma_y)_m\}]\end{aligned}\right\}\tag{2.33}$$

与弹性静力模型试验的相似判据比较，温度应力模型只增加了一个判据，即式 (2.32c)。由式 (2.32a) ～ 式(2.32d) 可得模拟温度应力的主要关系式：

$$\left.\begin{aligned}\frac{\varepsilon_p}{\varepsilon_m}&=\frac{\alpha_pT_p}{\alpha_mT_m}\\\frac{\delta_p}{\delta_m}&=C_i\,\frac{\alpha_pT_p}{\alpha_mT_m}\\\frac{\sigma_p}{\sigma_m}&=\frac{E_p\alpha_pT_p}{E_m\alpha_mT_m}\end{aligned}\right\}\tag{2.34}$$

为求得微分方程式（2.26）和式（2.31）的特定解，必须满足初始条件和边界条件。因此，还应求出满足这些初始条件及边界条件的相似判据。感兴趣的读者，可参阅相关文献。进行温度应力模型试验比较困难，需要特殊的加温设备，葡萄牙国立土木工程研究所曾利用过油浴和蛇形管加温的方法来进行大坝温度应力分析，到目前为止取得的满意成果尚少。由于模拟的困难，黄文熙先生曾提出当量荷载法试验温度的应力，即在建筑物周边施加荷载，使建筑物内温度与温度应力接近，这样的荷载即为当量荷载，当量荷载由理论和数值分析确定。

1.6 软弱夹层、断层的相似模拟

以上所述都是连续体，事实上在模型试验中往往需要模拟软弱夹层和断层等不连续体，因此，在模型中还要模拟不连续面的抗剪强度及其变形特性。关于夹层变形特性的模拟，通常由于软弱夹层的厚度很薄，远小于结构和岩体的尺寸，无法采用与之相同的几何相似比。实际上夹层不是弹性材料，属弹塑性材料，采用变形模量更合适，其值往往又很低，较难找到能同时满足两者要求的合适模拟材料，且目前对它的性能了解尚需作进一步研究。模型建筑物是试验中研究应力状态和破坏形态的主要对象，它的模拟应该严格。而基础内的裂隙、夹层只是影响建筑物的应力状态和破坏形态的一个因素，因而允许近似地视作弹性体，根据受力等效和压缩变形相似的原则，常可分成垂直于层面和平行于层面两个方向加以考虑。

垂直层面方向主要模拟压缩变形的影响，通常根据夹层材料的应力应变关系曲线及夹层厚度 l 进行模拟。图 2.2 为一夹层结

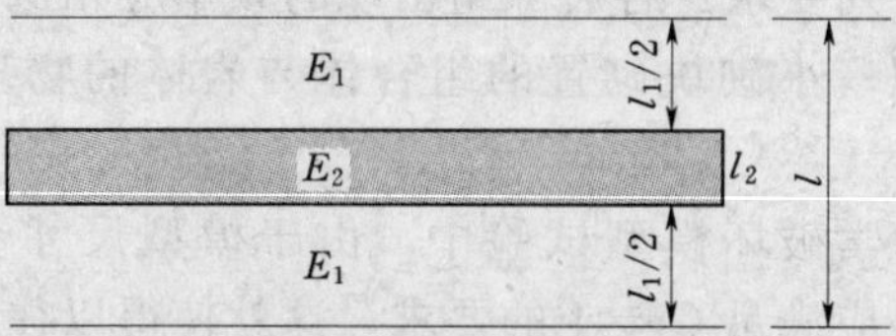

图 2.2　夹层结构构造示意图

构的示意图，夹层的两侧通常含有破碎带和影响带，可根据压缩变形量相等的原则，用一个综合变形模量 E 来替换，即

$$\frac{l}{E}=\frac{l_1}{E_1}+\frac{l_2}{E_2}+\cdots \tag{2.35}$$

式中：l_1、l_2、…和 E_1、E_2、…分别为第一、第二、…层模型材料的厚度和变形模量；L 和 E 分别为替换层新模型材料的厚度 $(l=l_1+l_2+\cdots)$ 和变形模量。

在制作模型时，如模型材料的变形模量不等于 E，则可用一种容重和变形模量值 E' 大致相近的材料取代，通过调节其厚度 l'，仍可保持压缩变形相等，即

$$\frac{l'}{E'}=\frac{l}{E} \tag{2.36}$$

平行层面方向按夹层的剪应力剪位移关系曲线模拟。剪应力应满足相似条件 $\sigma_\tau=\sigma_E$，而剪位移应满足完全相似条件 $\sigma_\delta=\sigma_l$。

第 2 节　坝肩岩体的模拟

岩体模拟是比较复杂的，能否较真实地模拟岩体的力学条件，关系到试验成果的可信度。自然界的岩体特别是地表工程结构的地基，常常被构造断裂切割成大小不等、形态各异的不连续的岩块。岩体的模拟包括岩体的几何结构模拟、岩体的物理力学特性模拟、岩体初始应力场模拟等。而岩体的几何结构模拟和物理力学特性模拟要统一于模型设计。

对裂缝岩体采用小砌块砌置有利于其物理力学特性相似性，

为此要满足下列要求：各裂隙组出现的频率应相似；各裂隙组的连通率应相似；小砌块砌置的组合体与岩体的物理力学性质应相似。

在岩体力学破坏模型试验中，由于模型尺寸不宜过大，因此，模型材料应满足 $C_\gamma=1$ 的要求，这就使得以往结构模型试验采用的以吊重来模拟自重的方法，在岩体力学模型试验中不宜采用，而需采用 C_γ（或 C_ρ）≈ 1 的模型材料来模拟自重。

事实上，由于模型比例尺的限制，要完全逼真地模拟地质岩体是不可能的。如岩体结构的裂隙模拟，裂隙密度就不可能完全模拟，否则，在模型上会出现密集的裂隙，裂隙间距过小，以致无法加工模型。

岩体模拟要求选择按相似关系的物理力学特性的模型材料，并要设计模型砌块的砌置方案。采用粘砌法或堆砌法砌置砌块的组合体来模拟岩体，为了力学相似而设计砌块的几何尺寸和结构面，使组合体在总体上与岩体在力学上相似。

2.1　模型组合体的模拟

如前所述，由于原型岩体系由岩块、软弱带（包括断层破碎带和影响带、泥化夹层等）及节理裂隙所组成，它实际上是非均匀、各向异性的非连续体。用砌块组合模拟岩体，除了要求分别研究单独砌块与软弱夹层的力学特性外，还要求对组合体进行力学特性模拟研究。目前一般是在现场用地震波等动力法并结合现场静力岩石试验，根据试验求出各地段或各高程岩体的动变形模量及静变形模量，作为原型的建筑物的设计依据。因此，在模型试验中，除了研究单个砌块的模型材料的应力变形特性外，还要研究由多个（一般要求 200 块以上）模型材料砌块按现场裂隙分布方法砌置而成的组合体的综合变形特性，并要求它们与原型岩体相似。这是一个十分复杂而又十分重要的问题，实际上是“预试验”。

进行上述模型材料组合体的预试验之前，必须对原先岩体的地质构造条件有深入了解，在组合体内应模拟其中的断层、软弱带和裂隙；砌块间各结构面的抗剪强度也应满足相似性要求。至于砌块的尺寸大小应参照原型地质条件及力学条件进行设计。

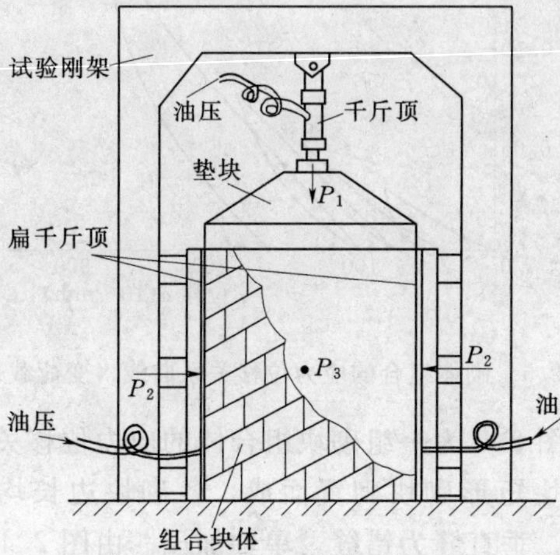

图 2.3　砌块组合体试验装置示意图

图 2.3 为砌块组合体的试验及其试验装置的示意图。它可以进行单轴（P_1），双轴（P_1,P_2），或三轴（P_1,P_2,P_3）加载试验。如为后者，则砌体各侧面应用扁千斤顶或充油橡皮袋，通过施加油压使其产生 P_2、P_3，并使其压力均匀分布在砌体面上。

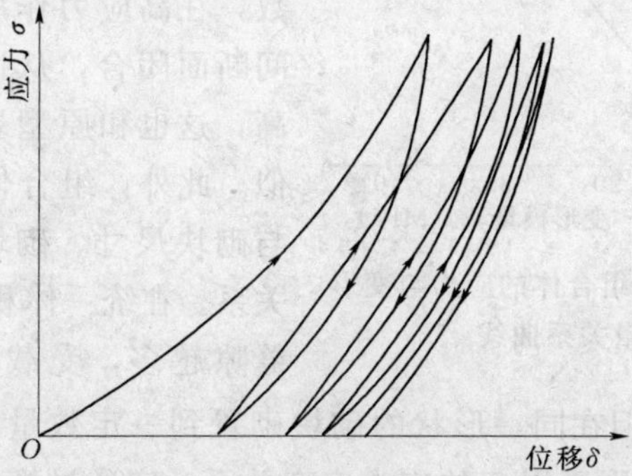

图 2.4　砌块组合体的应力位移关系曲线（等荷载）

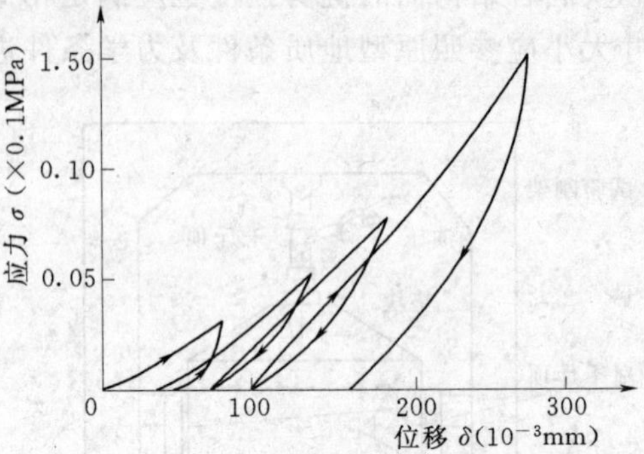

图 2.5　砌体组合的应力位移关系曲线（变荷载）

图 2.4 和图 2.5 为一组砌块组合体的应力位移关系曲线，该组合体由 256 块矩形砌块砌置而成，各砌块边长均为 6.67cm，水平缝为通缝，垂直缝为错缝，单轴加压。由图 2.4 可见，组合体在荷载多次重复后，其应力位移曲线渐趋重合，塑性性能降低，主要因为砌块间缝隙压密的缘故。图 2.5 显示了组合体在反复荷载下，其应力位移曲线与天然岩体非常相似。图 2.6 显示了其变形模量并非常数，在高应力作用下砌块缝隙间断面闭合，从而变形模量增高，这也和原型岩体一般性相似。此外，组合体的变形模量与砌块尺寸、砌块形状有很大关系。在统一体积内砌块越小，缝隙越多，受载变形就越大，即 E_m 越小；但在同一形状的砌块砌置到一定数量后，则趋于稳定。上述各种因素引起的应力应变关系，应通过模型材料砌块组合体的预试验反复进行试验得到。

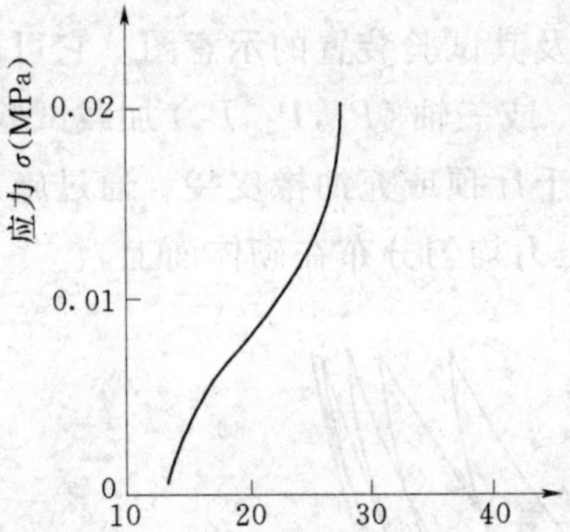

图 2.6　砌块组合体的应力与变形模量关系曲线

2.2　结构面的模拟

对于岩体已知结构面的剪切强度，目前多采用 Coulomb - Mohr 屈服条件，即

$$\tau = \sigma_n \tan\varphi + c \tag{2.37}$$

式中：τ 为抗剪强度；σ_n 为作用的正应力；φ 为内摩擦角；c 为凝聚力。

按相似关系，要求 $C_f=1$，$C_c=C_\sigma$，即模型结构面间的摩擦系数与原型相同，凝聚力的相似常数等于应力相似常数，要同时满足上述要求是相当困难的，这是因为模型砌块面间应具有极低的凝聚力，一般极难做到。如采用 $c\approx0$，则在其面上仅模拟摩擦系数 f，可参考表 2.2 进行模拟。

表 2.2　摩擦系数的模拟

序号	块体间夹层材料	摩擦系数 f
1	聚四氟乙烯薄膜/聚四氟乙烯薄膜	0.15
2	铝箔纸（贴）/聚四氟乙烯薄膜/铝箔纸（贴）	0.17
3	重晶石模型材料光面/两层蜡纸/重晶石模型材料光面	0.25
4	铝箔纸（贴）/蜡纸/铝箔纸（贴）	0.35
5	聚乙烯薄膜（贴）/聚乙烯薄膜（贴）	0.45
6	重晶石模型材料光面/铝箔纸（贴）	0.55
7	重晶石模型材料光面/重晶石模型材料光面	0.65
8	聚乙烯醇涂层/聚乙烯醇涂层	0.75

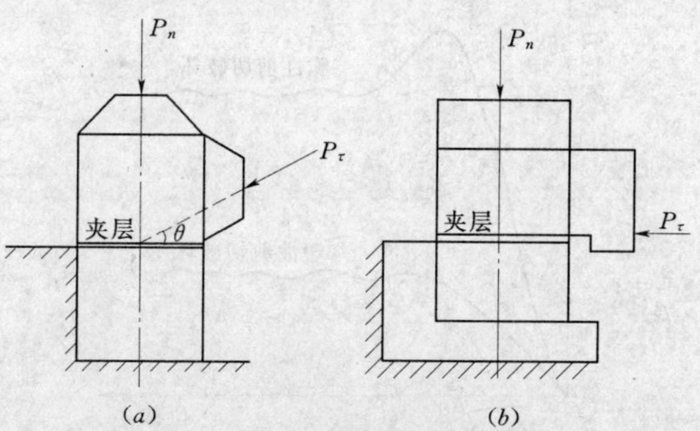

图 2.7　摩擦系数试验方法示意图

(a) 斜推法；(b) 直推法

如果既要模拟 f 值又要模拟 c 值，则应采用特殊的黏结剂，从而使结构面上具有相似的 f 与 c 值。清华大学水利水电工程系有此专用的产品。此外，还有以环氧树脂为主要成分的黏结剂及淀粉-石膏黏结剂等进行过 f 值与 c 值的模拟，见下节。

对结构面的强度应进行抗剪强度试验，从而保证相似关系。图 2.7 为摩擦系数试验方法示意图；图 2.8 为实际拱坝模型中夹层模拟示意图；图 2.9 为不同类型材料的 $\tau-\delta$ 关系曲线；图

图 2.8　拱坝模型中夹层模拟示意图

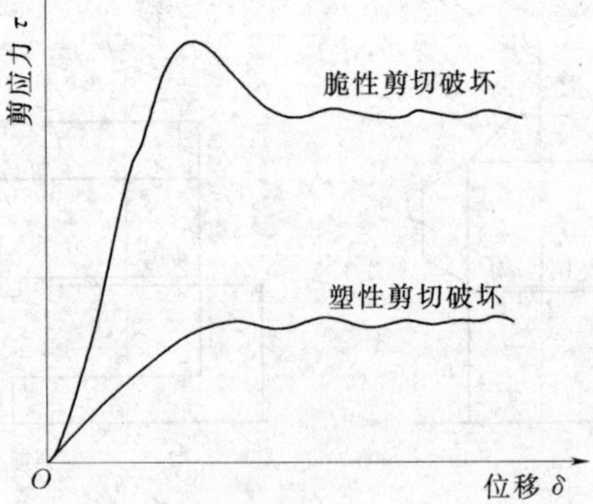

图 2.9　不同类型材料的 $\tau-\delta$ 关系曲线

2.10 为夹层材料 $\tau-\sigma_n$ 关系曲线。可以看出，这些材料的特性符合岩体结构面的相似要求。

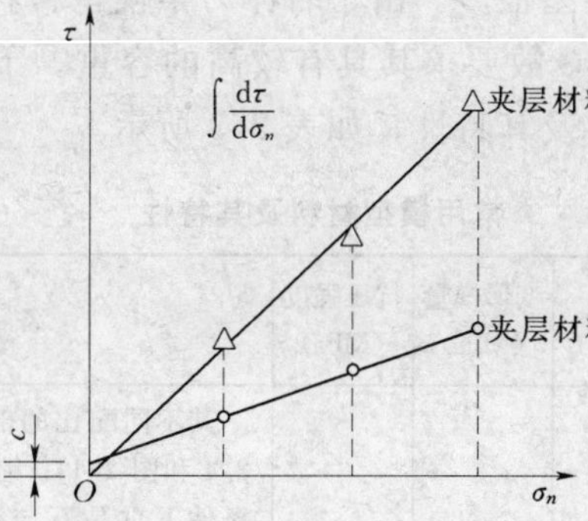

图 2.10　夹层材料 $\tau-\sigma_n$ 关系曲线

第 3 节　模 型 材 料

3.1　材料的分类及特性

模型材料的选用除了满足前面提到的各种相似关系外，还应尽量做到以下几点：

(1) 成本低、性能稳定、凝固前具有较好的和易性，便于施工、修补及易加工，即避免选用特殊的、贵重的原料。

(2) 在制成砌块后能保持性能稳定，最好不受或尽量少受气温、湿度等自然环境变化的影响，以保证成果的可信度。

(3) 选用的材料应是无毒害的或低毒的环保材料，避免工作人员因长期接触而影响健康。

(4) 选用的原料应充分考虑到不同加工工艺的要求，并使加工成型简便。

(5) 选用的材料保证模型在加载和正常试验测量时间内，无显著的徐变产生。

（6）在进行应力试验时，模型材料应满足在弹性、非弹性阶段的应变、变位状态与结构材料的完全相似。

模型材料的类型很多。由于岩体力学模型材料一般希望满足$C_\gamma=1$的相似要求，故要求其具有较高的容重。下面介绍几种常用类型的模型材料及其特性，如表2.3所示。

表2.3　　常用模型材料及其特性

材　料	容重（t/m^3）	变形模量（MPa）	抗压强度（MPa）	备　注
重晶石粉、石膏、砂子、甘油混合料	1.9～2.4	25～35	0.1～0.23	其不同配比的部分试验成果见表2.4和图2.11。在固定石膏用量的条件下重晶石与砂子的比值越高，材料的抗压强度及变形模量也越大，当比值变化在1∶2～2.5∶1以内时，强度和变化模量的变化都是比较有规律的
重晶石粉、石膏、甘油混合料	2.3～2.4	71～314	0.1～0.38	拌和时加入适量的熟淀粉浆可调节其固结强度。国内外几种常用材料的配比见表2.5和表2.6
重晶石粉、膨润土混合料	2.23～2.5	14～480	0.1～0.3	属中等强度和变形模量的系列模型材料。用加入“最优含水量”的水作调和剂，适于夯压成型
重晶石粉、重硅粉混合料	2.0～2.4	11～140	0.07～0.22	这是一组容重、变形模量和强度变化范围较大的软岩的模拟材料
铅氧化物和石膏的混合物（表2.5列出了这些材料的特性）				国外坝工实验室采用较多，有时掺入砂子或小石子以调节性能。这类模型材料与岩石的力学性能相似，也具有较大的容重，改变配比可使材料性能在较大范围内变化，是一种用途广泛的材料。但这类材料价格昂贵，而且其中铅氧化物有毒，对工作人员健康不利，且易造成环境污染等

续表

材　料	容重（t/m^3）	变形模量（MPa）	抗压强度（MPa）	备　注
合成树脂材料，应用较多的是赛璐珞、有机玻璃和环氧树脂				因这类材料的泊松比较大（0.4左右），较混凝土、岩石材料大1倍，所以较少应用于拱坝模型试验，一般用于地下厂房、隧洞和输水管等模型，也可制作高楼大厦、桥梁等模型
橡胶材料	>2	<500		由于这类材料变形模量较低，除了适用于模型材料也可用于模拟软弱夹层材料，当将明胶、甘油和水加热溶解注入模型，可制备更低变形模量的材料，适当掺和填料后，可用于模拟岩基中破碎带、软弱夹层的变形特性
混合材料				

表 2.4　重晶石与砂子不同配比的力学变形性能试验成果

配比（重晶石粉：砂）	重晶石粉（g）	砂子(g)	石膏(g)	水(g)	甘油(g)	容重（g/cm^3）	抗压强度（MPa）	变形模量（MPa）
1∶1	3630	3630	326	1000	145	2.2	0.17	34
1.5∶1	4360	2900	326	1000	145	2.3	0.19	35
2∶1	4830	2430	326	1000	145	2.37	0.20	36
2.5∶1	5200	2070	326	1000	145	2.4	0.23	38
3∶1	5450	1815	326	1000	145	2.41	0.23	38
1∶2	2430	4830	326	1200	145	1.94	0.1	25
1∶3	1815	5450	326	1200	145	1.9	0.1	25
1∶1.5	4360	6540	490	1600	218	2.07	0.13	29

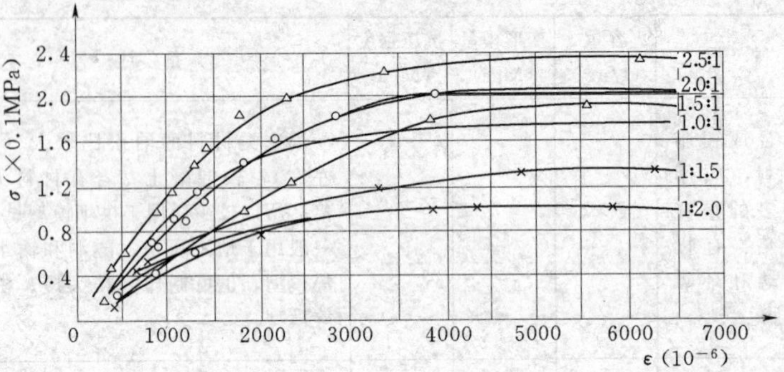

图 2.11 重晶石粉与砂子不同配比的材料应力应变曲线（用千分表测量变形）

表 2.5 国外一些岩体力学模型材料

材料配比（重量比）	密度 (g/cm^3)	变形模量 (MPa)	单轴抗压强度(MPa)	制作单位
PbO：石膏：水：膨润土＝75：7.5：16.2：1.3	3.61	40	0.53	意大利 ISMES
Pb_3O_4：石膏：水：砂＝60：7.5：43.5：120	1.97	25.2	0.072	意大利 ISMES
浮石：重晶石粉：水：甘油：环氧树脂：固化剂＝11.8：80.8：5.5：1.24：0.33：0.33	2.45	250～350	0.4～0.5	意大利 ISMES
$(Fe\cdot Ti)_2O_3$：Pb_3O_4：石膏：水＝600：300：18.8：90	3.41	200	0.46	葡萄牙 LNEC
Pb_3O_4：小米石：石膏：水＝600：120：100：405	1.96	112	0.201	巴顿
Pb_3O_4：砂：小米石：石膏：水＝600：600：600：75：416	1.94	28	0.06	巴顿

表 2.6 国内一些岩体力学模型材料

材料配比（重量比）	密度 (g/cm³)	变形模量 (MPa)	单轴抗压强度（MPa）	制作单位
重晶石粉：砂：石膏：水：甘油＝5450：1815：326：1000：145	2.41	38	0.23	长江水利水电科学研究院
重晶石粉：石膏：水：甘油：淀粉＝35：1：6.8：0.86：0.136	2.40	314	0.382	清华大学
重晶石粉：石膏：水：甘油＝25：1：5.5：2.37	2.30	71	0.097	清华大学
乳胶：附加剂：铁粉：水泥：砂：石膏＝100：(5.75～17)：(500～750)：(0～200)：(30～40)：(5～15)	2.46	10～125	—	河海大学
重晶石粉：石灰石粉：机油：石蜡＝75：18：5：2	2.6	99.6	0.328	清华大学 广西大学
重晶石粉：石灰石粉：机油：石蜡：钙塑板粉＝71：20：7.8：1：0.226	2.6	41.5	0.261	清华大学 广西大学
重晶石粉：石灰石粉：机油：石蜡＝82：7：9：2	2.6	5	—	清华大学 广西大学
铁粉：重晶石粉：橡胶水(膜)：14%松香酒精：饱和石蜡酒精＝700：350：60：37.5：12.5	3.77	395	0.48	武汉大学
铁粉：红丹粉：重晶石粉：氯丁橡胶（膜）：松香酒精＝467：66.7：234：63：30	3.68	380	0.55	武汉大学

3.2 材料力学性能的测量

针对模型材料的测定主要有材料弹性常数的测定，抗压强度、抗拉强度和抗剪强度的测定，以及材料断裂韧度的测定。这些参数的测定方法基本应该遵循 ASTM 设计标准 D2938—86（1986 年）和国际岩石力学学会制定的标准（Brown，1981 年）。

下面分别做简要说明。

3.2.1　材料弹性常数的测定

因模型材料一般相对是均质各向同性材料，因此，材料的变形模量 E 和泊松比 μ 完全决定了材料的弹性性质，因此它们都应由试验决定。

弹性模型的测定一般与单轴抗压强度的测定结合进行，试样采用高度 H 大约为最大直径 D 的 2～2.5 倍，通过测定单轴抗压强度，画出应力应变曲线，在曲线的直线阶段，取直线与应变轴夹角的正切即为材料的变形模量。如图 2.11 所示，详细的方法可参考相关文献。

针对模型材料测定变形模量需要注意以下几点：

(1) 因为模型材料相对空隙较多，曲线开始部分的平行段应该消除，通常也可在正式测定前进行预压，卸载循环以消除残余变形。

(2) 当材料的变形模量 E 低于 1.5MPa 时，直接浇筑成型的试件，由于表面有一薄层硬壳，可使变形模量提高 5%左右，因此最好先浇筑长方体试件，然后加工成圆柱体标准试件。

当材料的变形模量 E 低于 1MPa 时，粘贴应变片局部刚度的影响一般不能忽视，可用千分表测量其相对压缩变形的方法进行测定。

泊松比的测定也同步进行，在试件的径向和轴向分别贴应变片，通过径向与轴向应变的比值可得出材料的泊松比。

3.2.2　单轴抗压强度

单轴抗压试验是测量岩石强度的最常用实验，试样的高径比一般为 2∶1。试验的加载装置可用 Wykeham Farrance（Wf55623）型号的加载机或者 MTS，岛津等厂家生产的相关加载机（见图 2.12）通过式（2.38）可计算出材料的抗压强度 σ_u：

$$\sigma_u = \frac{P}{A} \tag{2.38}$$

式中：σ_u 为单轴强度；P 为最大加载力；A 为试样截面积。

需要注意的是，影响模拟材料抗压强度的因素包括加载速率、材料的干燥程度、试件的加工情况，特别是上下面的平整度。为保证材料的抗压强度的可行度，这些因素都应严格按照试验标准来执行。

图 2.12　抗压试验加载装置

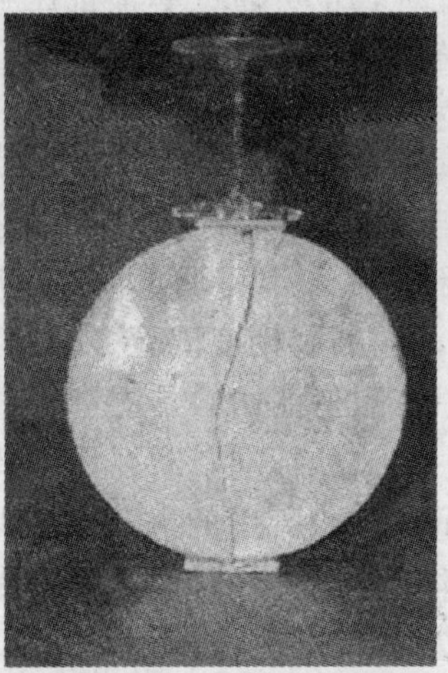

图 2.13　巴西试验加载装置

3.2.3　抗拉强度测定

抗拉试验可用直接拉伸试验，但在拉伸过程中容易出现拉应力集中，影响其精度。现在多采用巴西试验（Brazilian test）。

巴西试验是测量岩石抗拉强度最常用的试验，试验中试样的高径比一般为 2.5∶3。试验装置如图 2.13 所示，计算公式为

$$\sigma_{t,B} = \frac{2P}{\pi dt} \tag{2.39}$$

式中：P 为加载力；d 为直径；t 为试样的厚度。

3.2.4　抗剪强度

要测定抗剪强度，一般采用三轴压力试验，采用库仑方程式的形式，即

$$\sigma_\tau = \tau_0 = \sigma\tan\varphi + c \tag{2.40}$$

式中：c 为材料凝聚力（不加荷载时的抗剪力）；φ 为内摩擦角。

由三轴试验所给出的 c 和 $\tan\varphi$ 以及莫尔圆的包络线，与由

直接剪切试验所得的 τ_0 及 f_0 是不同的：前者破裂面的方向沿最大剪应力方向，取决于材料的性质；而后者的破裂面方向则是事先规定好的，取决于试验装置的情况。在三轴试验条件不具备的情况下，也可通过单轴抗压强度 σ_u 和抗拉强度 σ_t，近似地绘制出莫尔圆，然后在两圆上作出公共切线，根据该公共切线与 τ 轴的交点，即可求出抗剪强度，或者根据公共切线方程：

$$\pm\sigma_\tau=\frac{\sqrt{\sigma_c\sigma_t}}{2}\left(1-\frac{\sigma_c-\sigma_t}{\sigma_c\sigma_t}\sigma\right) \tag{2.41}$$

令上式中 $\sigma=0$，即可求出抗剪强度。

3.2.5 断裂韧度试验（三点弯曲试验）

三点弯曲试验是测量岩石断裂强度的最常用试验，尽管没有统一的试验标准，断裂强度试验按 SENRB 的方法计算。图 2.14 显示了试验所用的 MTS 加载装置；图 2.15 显示了试样的几何结构示意图。经验计算公式为

$$K_{IC}=\frac{10.627\left[\frac{C}{D}+19.646\left(\frac{C}{D}\right)^{5.5}\right]^{0.5}P}{\left(1-\frac{C}{D}\right)^{0.25}D^{1.5}} \tag{2.42}$$

式中：C 为中间裂缝深度；D 为直径；P 为断裂时的加载力。

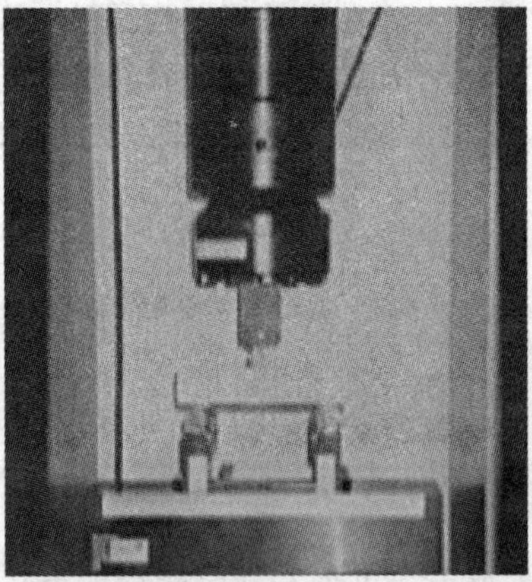

图 2.14 三点弯曲试样加载示意图

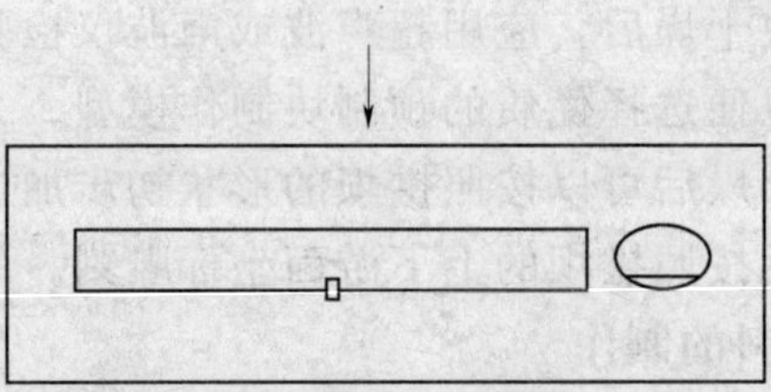

图 2.15　试样的几何结构示意图

3.3　模型材料的制作

目前高拱坝地质力学模型的材料制作主要分为大坝材料的制作，基础岩体模拟材料的制作，以及软弱断层、夹层、蚀变带、Ⅳ级结构面等，下面分别作简要介绍。

3.3.1　坝体材料的制作

现在高拱坝坝体模型材料一般采用变形模量较高的石膏材料或石膏硅藻土混合料，特别是在超载试验中，坝体模型材料的变形模量一般要求较高。在选定石膏材料后，一般需要将多袋石膏材料放在一起拌均匀，保证材料的均匀；然后浇制成厚度大约为 10～20cm 的长方体，因为厚度过大不容易搬迁，另外也难于干燥。

浇制过程需要注意以下事项：

(1) 无论是机器还是人工搅拌，都应确保水和石膏搅拌均匀。

(2) 浇制前，应在模具里涂黄油，以便脱模。

(3) 一般石膏材料在室温条件下，经过 1～2h 即可脱模，放在烘干室或者烘箱，保持温度 40℃；或者在室内阴干 2～3 日，然后在阳光下经过 4 周以上晒干（该方法较经济）。判断试块是否干燥的方法，通常是采用材料的绝缘电阻值来衡量。测定材料表面的干燥度时，将两支电表笔间隔 1cm 放在模型表面，用兆欧表测定其电阻值，当电阻值不小于 200MΩ 时，即可认为表面已经干燥。测定内部干燥度时，可于浇制前在模型内部预埋几对相距 1cm 的小铜片，用漆包线引出模型外，用以检查内部的电阻值。

（4）预置块干燥后，应用超声波或声波仪检验预制块内部质量的均匀性，以便选择优质的预制块制作模型。

浇制材料干燥后可以按照拱坝的形状初步加工，并黏结成初步的坝体，然后按照拱坝的上下游面坐标雕刻。

3.3.2 基础材料的制作

拱坝的整体地质力学模型试验，由于要模拟坝肩山体及基础内的主要断层及节理裂隙组，一个模型往往需要由上万块甚至十几万块的模型材料块体砌筑而成，工作量十分浩大，且节理切割的岩块会呈多种形状，而每个岩块各个面的力学参数不同，这些都要在模型中得到反映，其难度是很大的。因此，在模型中复杂的地质构造通常要做一些简化是十分必要的。早期模型预制块是将配好的材料拌和均匀后浇筑成毛坯，待其完全干燥后再加工成各种所需的形状。上节介绍的坝体模型材料，用于制作坝体可以，而用于制作基础材料则存在加工形状不易准确的缺点。

近年来吸取了国外的经验，按所需的几种典型形状尺寸先加工出钢模具，钢模具应尽量考虑基础中主要被模拟的节理的倾角和走向。尺寸的大小可根据模型比例尺和所要模拟基础的结构面而定，一般原则是比例尺较大时，尺寸可以较大，但要以能尽量模拟主要的节理、断层及软弱夹层为准。清华大学水利系近年来通过对锦屏、溪洛渡、小湾和拉西瓦等一批高拱坝的模型试验，一般常采用的小块体尺寸为 5cm×5cm×8cm，制作时将固定重量的混合料倒入模具，在压力机上用高压加压一次成型，无需再另行加工。图 2.16 为加工设备和加工后的模型块。用这种方法加工不仅大大提高了模块制作的效率，且制作的块体形状尺寸准确，砌筑起来较为紧密，容重也较为准确。此外，这种方法的模型材料可尽量避免用水而代之以油剂或石蜡油等来搅拌，就无需等待模块中的水分挥发，加压成型后即可使用，大大缩短了制模时间。为了及时检测砌筑工艺是否满足要求，在砌筑过程中，可以采用压板法在模型现场测定砌体的实际综合变形模量，以校核是否满足设计要求。

(a)　　　(b)

图 2.16　拱坝基础砌块的制作

(a) 加工试块设备；(b) 模拟材料块

3.3.3　软弱夹层、断层等的制作

断层裂隙材料采用脱水石膏等制成，断层夹泥用加纸方式模拟，有白报纸、电光纸和牛皮纸等，根据夹泥厚度和摩擦系数的不同进行组合选用。国外在模拟摩擦系数时，多采用酒精及清漆掺润滑脂及滑石粉等混合料涂于层面间，其摩擦系数 f 为 0.12～0.75；涂以二硫化钼的铝箔片，其 f 值可降至 0.09～0.11；层面上粘各种粒径的砂，则 f 值可达 0.84～1.04。

关于构造层面间的凝聚力 c，由于换算到模型后它的数值通常都很小，要准确模拟很不容易。目前，有些试验采用的模拟方法是用稀释胶黏剂的办法来降低 c 值，即采用不同稀释程度的胶黏剂来黏结块体层面，以达到不同的 c 值。此外，还可采用不同的黏结面积来调整 c 值的大小。

第 4 节　地质模型试验的方法及分类

高拱坝地质力学模型试验可按不同的形式进行分类。

4.1　按模拟的范围和受力状态进行分类

4.1.1　整体三维结构模型试验

一般目前大部分高拱坝的试验都采用三维整体试验，它主要研究整体结构在空间力系作用下的强度，以及坝肩或大坝的开裂破坏机制及整体稳定问题；研究拱坝的应力状态，明确主要结构面的应力和变形随荷载增加而变化的情况。三维地质力学模型试验如图 2.17 所示。

图 2.17　拱坝整体三维地质力学模型试验

4.1.2　平面结构试验

平面结构试验即从结构中取出单位长度或高程，研究特定区域在平面力系作用下的强度或稳定问题，例如清华大学水利系最近为研究小湾中上部高程坝肩稳定和加固处理措施，受设计院和澜沧江公司的委托，对小湾拱坝的 1170m、1210m 等高程进行平面拱圈的应力试验，研究传力等加固措施的效果，因为平面试验能更直观地看到平面高程的破坏过程。平面结构试验如图 2.18 所示。

4.2　按作用荷载特性进行分类

4.2.1　静力结构模型试验

静力结构模型试验是指研究建筑物在静荷载（包括静水压力、自重和温度等）作用下的应力、变形及稳定问题的整体或断面模型试验。

在静力模型试验中，根据所采用材料的力学特性不同，还可分成两类。一类是以弹性力学基本假定为前提，用线弹性模型材

图 2.18　小湾拱坝 1210m 高程平面结构试验

料制成模型，在静荷载（对坝来说，主要有静水压力或自重）作用下测量模型各测点的应力和变形的静力试验。习惯上称之为线弹性结构模型试验，或称为应力试验。弹性结构模型的正确试验成果可用于设计做定量分析的依据。另一类是以弹塑性力学的基本假定为前提，用高容重（常采用与原型相同的容重）、低强度和低变形模量的非线性模型材料制成模型，以模拟复杂地基的自重力及一些特殊地质构造（如岩体内的断层、软弱夹层、节理和裂隙等）。这类模型主要用于研究在建筑物影响范围内的基础岩体，在承受荷载后的变形、失稳过程和破坏机理以及岩基变形对其上建筑物的影响等问题。这是一种自 20 世纪 60 年代开始、并于 70 年代得以迅速发展的新试验方法，被称为地质力学模型试验。目前大部分高拱坝的模型试验都是采用这种方法。

4.2.2　动力结构模型试验

动力结构模型试验常以抗震模型试验为主，研究建筑物（坝）在不同地震烈度影响下，空库或满库时的自振特性（包括频率、振型和阻尼等）、地震荷载、地震应力及抗震稳定性等的动态模型试验。动力结构模型试验除了满足空间条件相似、物理条件相似和边界条件相似以外，还要满足运动条件相似。目前，国内进行高拱坝动力模型试验的单位主要有中国水利水电科学研究院、哈尔滨工程力学研究所、大连理工大学和河海大学等。

4.3 按测量方法进行分类

4.3.1 光测试验法

在光测试验法中，早期较为普遍的为偏光弹性试验法。偏光弹性试验法，以透明、均质和边缘效应小的特制的环氧树脂胶板或块体作为模型材料。对制成的模型，利用偏振光测量应力。这种试验能直接得出结构内部及表面的应力场，但由于设备条件限制，模型比例往往较小，且目前尚只能研究结构物的应力场问题。由于环氧树脂模型材料的泊松比较大（0.35～0.50），因而对于研究三维应力场的空间模型试验的准确度，将会有较大影响。近些年来得到发展的还有激光全息干涉法、云纹法和激光散斑干涉法等，这些方法进一步提高了光测试验的技术水平。

4.3.2 电测试验法

在电测试验法中，用脆性材料（包括石膏、石膏硅藻土和轻石浆等）、塑料（有机玻璃等）、橡胶、胶乳、水泥（或掺石膏粉、黄砂和铁粉等）材料制成模型。当设计需要知道应力场或变位的部位时，可在测点上贴电阻应变计（片），或布置测点，通过测得的应变再求算应力。模型各测点的位移或变形可通过千分表或电阻、电感式位移计直接测出。这种模型可采用较大比例，因而测得的应变和位移的精度相对较高。由于测量技术和设备在迅速向自动化、高精度发展，从而加快了这类模型试验解决生产科研课题的速度。

4.3.3 脆性应力涂层法

脆性应力涂层法用于测定结构物或模型表面的应力，很早就被广泛采用。该方法的原理是在结构或模型表面先涂上底层涂料，再在外表面涂上脆性面层涂料。模型加载后产生变形，在脆性涂料表面将产生主应力方向的裂纹，从而可求得结构表面的主应力迹线，并具有一定的精度。这种试验方法的优点是测试方便、直观性强，能作为定性或定量分析的参考。该方法特别适用于求解多孔板的应力分布及孔洞和角缘处的应力集中问题。

4.3.4　比拟法

自然界中有许多现象具有相似性，它们的数学表达式有时完全相同，只需将边界条件进行比较，即可由一种既得的物理状态的规律求得另一种物理状态的规律。在早期的结构模型试验中，曾有人利用薄膜比拟或电比拟法，再配合其他措施，近似测定结构表面的应变与应力分布。

4.4　按整体稳定性评价的分析方法进行分类

4.4.1　超载法

采用逐渐增加超载系数以研究坝从局部到整体破坏的渐进破坏过程的方法，称之为超载法。超载法是在假定岩体力学参数不变的前提下，逐级增加水荷载使基础失稳，通过测量到的临界失稳荷载与正常工作荷载之比来推求安全系数，由此得到的系数称为超载安全系数。超载法主要考虑作用荷载的不确定性，作用在坝上的外荷载由于某些特殊原因有可能超过设计荷载，超过的总荷载与设计总荷载之比称为超载系数。以此研究结构承受超载作用的能力。该方法较为直观，便于在结构物理模型试验中采用，从而使数值模拟与物理模拟结果相互印证，且积累了较多的工程经验。超载法分为超水容重 K_γ（三角形超载）和超水位 K_H（矩形超载）两种方法，如图 2.19 所示。本研究采用超水容重进行，主要原理见式（2.43）。

$$K_\gamma=\frac{\Delta P_\gamma+P_0}{P_0}=\frac{\Delta\gamma+\gamma_0}{\gamma_0}=\frac{\gamma}{\gamma_0} \tag{2.43a}$$

$$K_H=\frac{\Delta P_h+P_0}{P_0}=\frac{\gamma H_0\Delta H+0.5\gamma H_0^2}{0.5\gamma H_0^2}=\frac{2\Delta H+H_0}{H_0}==2\frac{H}{H_0}-1 \tag{2.43b}$$

式中：K_γ 为超水容重系数；K_H 为超水位系数；ΔP_γ 为三角形超载值。

通过几何相似比确定模型比例尺。试验时，首先要确定参数，一般通过需要模拟的原型范围及模型试验台的大小来确定。

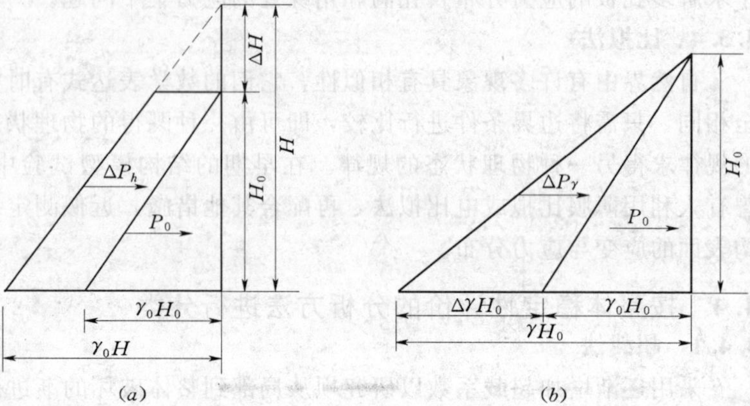

图 2.19　超载方式示意图

(*a*) 超水位；(*b*) 超容重

一般在条件允许时应尽可能选用大比例尺模型，以便提高试验精度，且模型材料的性能相对来说比较容易达到。但是，大比例尺模型的制作费用及时间也随之增加。由于模型材料的容重只能增大到一定程度，若模型比例尺确定，则其他参数基本上也就确定了。这时就要看模型材料性能能否达到这些要求；否则，模型比例尺还需进行调整。目前我国所进行的地质力学模型试验，大都采用 1∶100～1∶300 范围内的模型比例尺。

4.4.2　强度储备法

强度储备法主要认为岩体或结构面的抗剪切强度参数 f'、c' 值具有一定的安全储备，将其降低 K_f 倍后基础失稳，则 K_f 为强度储备安全系数。在工程实践中，受地下水或渗透水等复杂因素，以及高坝泄洪雾化作用的影响，岩体的强度参数可能降低，且设计所采用的力学参数自身会有一定范围的浮动，因此强度储备法反映了一定的工程实际。

目前强度储备系数法主要考虑材料强度的不确定性和可能的弱化效应，以此研究结构在设计上的强度储备程度。但是在实际应用中，人们往往只能降低断层的力学参数，而不能降低坝肩全部岩体的力学参数。此外，这种方法目前工程应用经验积累还明显不足。

4.4.3 综合法

综合法是强度储备法与超载法的结合，理论上它既考虑可能出现的超载情况，又考虑运行期间，坝肩岩体可能出现强度降低的实际，以两方面因素结合进行试验。按试验加载程序不同，它又分为以下两种情况：

（1）先超载 1.2 倍正常荷载，并保持该荷载不变，对两坝肩变温材料升温，以降低其抗剪强度直至破坏。若升温降低强度后坝肩仍未失稳，再在原超载 1.2 倍的基础上继续超载直至破坏为止。

（2）先超载 3 倍左右正常荷载，再降低两坝肩岩体强度直至破坏。

无论采用上述哪种加载程序，都既考虑了原型结构可能出现的超载因素，同时又考虑了设计采用岩体力学参数的可靠程度及其运行期由于库水位升高后，岩体内地下水位升高、水中 pH 值含量及渗流场发生改变等因素影响。设计采用的力学参数值不仅可能在一定范围内浮动，而且在水的作用下还会出现降低的可能。对于以上两种加载程序，目前相关研究给出的理由是：第一种先超载 1.2 倍是因为绝大多数工程出现超标洪水一般不超过 20%，因此先超载 1.2 倍正常荷载再降低岩体强度直至坝肩破坏失稳，这是反映水压超载和岩体强度降低同时遭遇的不利组合情况。若此时出现坝肩仍未失稳，再继续超载直至破坏，这是反映岩体强度降低后，又遭遇更为罕见的特大洪水情况。但是前、后两次超载的性质有所不同，坝肩应力场分布有所改变。因此，拟订了第二种加载程序，同时考虑到历史上瓦扬拱坝出现过 2 倍的水压，故将原超载 1.2 倍调整为先超 3 倍左右正常荷载，再降低岩体强度直至坝肩破坏失稳，这样既反映了工程实际，概念也更清晰。

目前，国内仅有少数单位在进行这方面的研究工作，由于此类模型的试验经验还较少，此外先超载多少倍也不好确定，因此，这种方法在目前的高拱坝试验中还处于发展研究阶段。

第5节 地质力学模型的设计

5.1 模型设计内容及优化

高拱坝三维地质力学模型设计一般需要在一定的相关工作经验积累的基础上进行，其主要内容包括以下几方面：

（1）先根据原型建筑物的设计资料和设计要求，拟订出一个可能采用的综合试验方案。

（2）选定合适的模型范围，确定模型的比例尺，合理简化模型地基的地形地质条件和水工建筑物的轮廓尺寸。

（3）选择模型材料，确定相似常数，制定模型制作工艺。

（4）确定荷载、测量的方法和程序，考虑为正式试验所需要的一些准备，如仪器设备的调试以及添置等。

以下就上述模型设计内容的几个方面，结合实际模型试验工作作简要说明：

（1）为了充分利用一个模型取得多种设计方案的试验成果，需根据提供的试验任务的基本数据，拟订出一个模型进行试验时可能采用的综合试验方案。在一个基本模型上只要通过合理安排试验程序，不仅可以进行几种组合的应力试验，对石膏或石膏硅藻土模型来说，完全有可能进行多次修改坝的形态的应力试验。现以进行一个拱坝试验为例说明安排试验的内容如下。

1）做大坝建前开挖的边坡稳定试验，如锦屏拱坝坝肩建基面以及缆机平台开挖引起高边坡稳定的试验。

2）做坝顶不开孔的坝体应力试验。

3）做在坝顶部中间部位开设溢洪道的坝体应力试验。

4）先用相同变形模量的胶水，把与顶部尺寸相同、变形模量也相同的模型材料与模型坝黏合，形成与坝体开挖溢洪道前相同的结构性能。在2/3坝高部位开多个矩形大泄水孔，进行坝体及孔边的应力试验。

5）在矩形孔口上、下游两侧加粘闸墩兼做补强后，再测量坝体及孔边的应力。

6）或再做坝体大孔口周边补强方案的应力测量。

7）最后，对选定方案进行正常和超载破坏试验，对大坝进行整体稳定评价。

（2）选定模型范围，确定模型的比例尺，简化地基条件和建筑物轮廓尺寸。模型范围在理论上应等于原型坝址上、下游受荷载作用影响范围内的区域，即要求各周边因增载引起的应力场接近实际的坝区应力场和位移场，但是，这样的要求往往需要模型做得很大，特别是对高拱坝，为一般的试验台所不许可。因此，我们仅要求做到模型周边的增载应力较小或分布比较均匀。

对高坝三维模型，目前常采用的比例尺为 1∶350～1∶200。模拟范围：对于拱坝及重力式坝段的应力试验，上、下游面坝基宽度应不小于 0.5～1 倍及 2～3 倍的坝底宽；坝基深度约在 1～1.5 倍坝底宽或不小于 0.8 倍坝高，拱坝两岸拱座离模型槽壁的水平距离不小于 1～2 倍坝高。例如，最近清华大学进行的溪洛渡地质力学模型试验比例尺选定为 1∶250。依照试验相似律的要求和委托单位的需要，模型的模拟范围如下：

1）上游实际模拟 163m，约 0.6 倍坝高。

2）下游实际模拟 780m，约 2.8 倍坝高。

3）坝体基础实际模拟 230m，约合 0.85 倍坝高。

4）两侧各模拟 500m，约合 1.8 倍坝高。

以上这些经验数据尚不能认为是很成熟的。随着不断实践和总结经验，将会有所修正和逐步完善。当需要考虑包括地基内特殊构造时，则上述尺寸尚需适当加大。对于特别重要、精度要求很高的结构应力试验或坝肩稳定试验，模型上、下游基础的影响宽度及坝基的影响深度，均宜选用不小于 3 倍坝底宽度。对于模型比例尺还要考虑材料的相似关系，如果材料的相似关系不能满足，亦应调整加大比例尺。

对于已选定模型范围内的地形和地质资料，在模型设计时还需要在不影响试验精度前提下，作必要的、适当的简化，以利于模型地基的加工。例如，拱坝上游河谷地形，由于模型加载条件需要，上游坝基开挖成岩基的各等高线，与上游坝底相应点的高程相同，并以喇叭形向上游扩大，以利加载设备的安置。又如，下游地形模拟，在靠近拱座处影响较大，模拟要求应高些；在离拱座越远处下游，其影响渐小，模拟要求就允许降低些，远端材料块体甚至可以适当加大，以利于砌置。对地质构造的模拟要求也类似，常允许按力学等效和压缩变形量相等原则，来模拟软弱夹层的厚度及变形模量。在结构应力试验中，模拟岩体的节理和裂隙等地质构造时主要反映在基岩变形模量上。当坝和地基具由多种变形模量组成时，相似条件要求原型与模型内所有各对应部位的变形模量具有同一个变形模量相似常数，即

$$\alpha_E=\left(\frac{E_P}{E_m}\right)_{\text{dam}}=\left(\frac{E_P}{E_m}\right)_{\text{基础}1}=\left(\frac{E_P}{E_m}\right)_{\text{基础}2}=\cdots=\left(\frac{E_P}{E_m}\right)_{\text{基础}n} \tag{2.44}$$

当上述要求不易满足时，也可允许有一定的出入，尤其是原型地基的变形模量，不易精确确定。

同样，对于建筑物轮廓尺寸，也应该在保证试验精度的前提下，通过仔细分析，对复杂形状建筑物的次要部位的尺寸，允许粗糙些或忽略不计，以利于模型的雕刻和加载。例如，对溪洛渡等拱坝进行的超载破坏试验，对顶部溢流的双曲拱坝的溢洪道上游突出部位和大坝的开口常忽略不计，而不致影响对整个模型的稳定评价。

（3）选择模型材料，确定相似常数，制定模型制作工艺也是模型设计的一个极为重要的内容。选择模型材料的主要依据是其力学性能的相似性及其稳定性，这已在本章第 1 节和第 3 节作了详细的讨论。指定模型的制作工艺将在后面的章节详细论述，主要依据当时的试验条件而定。

（4）为了有利于试验成果的分析比较和从中找出规律性的东

西，在进行一个模型试验时，常需要进行一些辅助性的模型试验。例如，进行复杂地基条件下的拱坝试验，为了分清坝基内各条断层和低变形模量的软弱带对拱坝坝体和应力的影响，较为可取的方案是：先做一个天然地基的模型试验，再做一个地基加固方案的模型处理试验；或先做一个均质地基的、其他条件相同的模型试验以进行比较。如果有条件，还应对其主要的地质构造在一个模型上进行几种处理方案的比较试验。当在拱坝三维模型上处理方案试验的工作量太大时，也可取出一些有代表性的典型平面或剖面做试验，进行深入解剖。例如对小湾拱坝的关键平面高程进行传力洞和置换方案的平面试验等。

确定了模型结构的设计内容，就要对相关的设备结合试验场地进行优化布置，通常先设计试验框架图，如图 2.20 所示。

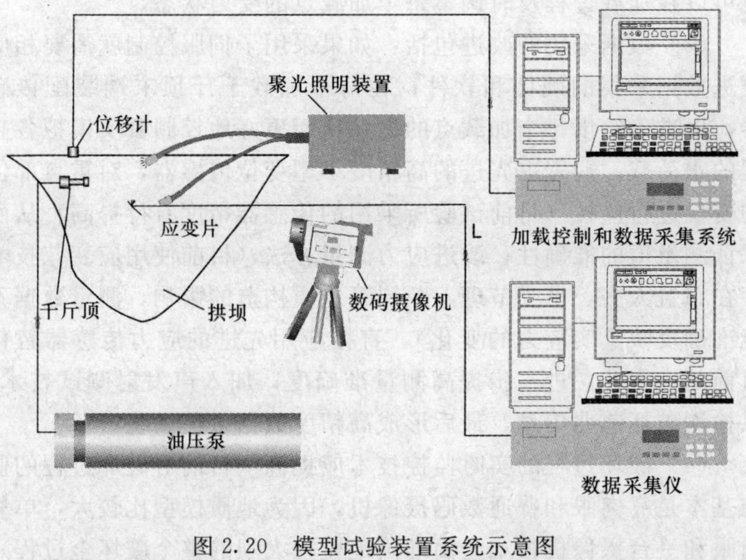

图 2.20　模型试验装置系统示意图

由图 2.20 可知，整个试验系统包括：砌置拱坝整体模型的结构破坏试验平台；试验加载系统；试验高精度数据采集系统；材料及结构开裂全过程数码监控系统；试验过程中其他辅助系统，如照明、供电等。这些系统都需要进行合理布局，以保证整个试验有条不紊地进行，特别是要考虑利用同一模型进行多项试验的情况。

当前的地质模型试验技术已经经历了 30 年之久，在小块材料的制作、数据采集和破坏全过程的监控以及试验结果的评价等方面，尚存在许多需要改进的地方，通过作者们的工程实践，借鉴其他岩土工程试验的经验，总结出以下几个方面内容：

(1) 目前的试验槽应设计成三维数控材料结构破坏试验平台，以可移动式替代目前的固定式，这样虽然一次性投入增大，但可一劳永逸，解决以后模型比例尺增大需要重新设计试验槽，以及在加载过程容易出现反作用、支架出现受力不均衡等问题。

(2) 加载设备应通过伺服液压加压控制替代目前多数采用手动液压加压，这样既可以保证加载力是真实反映水荷载的变化，也可以在加载过程及时调整每个加载点的受力状态。

(3) 数据采集的改进包括：如果采用了伺服控制就需要相应改进数据采集的硬件和软件；在每个加载千斤顶末端装配传感器，以准确给出每个加载点的力，从而更好地控制真实模拟各高程的水荷载；购置更先进的高精度小型变位传感器，对重点部位的变位进行监控（目前试验所采用的传感器精度有待提高）从而保证测量值的准确性；改进应力测量方法（目前使用应变花技术存在布置太多，易受节理、断层等地质构造的影响，测量数据不能准确反映真实应力的变化），直接应用先进的应力传感器替代目前的应变花，进一步提高测量准确度；加入声发射测试技术，以检测破坏前兆信息，最后形成高精度数据采集系统。

(4) 破坏过程的实时监控技术应提高（目前对破坏过程的监控基本是靠肉眼和普通数码摄像机，因为地质模型比较大，单凭肉眼和一台摄像机很难全面准确地监控大坝的整个破坏全过程），除了可以利用声发射技术收集破坏信息以外，还可以在坝踵和下游面、上游建基面等易开裂区多架设精度较高的数码放大镜头，并与自动间隔拍摄的控制系统相连，以全面了解大坝在超载过程的各工作形态，最后形成材料及结构开裂全过程数码监控系统。

将来新的试验系统应包括：三维数控材料结构破坏试验平台；试验伺服加载系统；试验高精度数据采集系统（高精度传感器、多通道高精度声发射）；材料及结构开裂全过程数码监控系统；材料试样数码加工及微观分析系统。相信随着科技和经济的发展，这些改进在不远的将来一定能够实现。

5.2　各种相似常数的合理选定

根据相似条件和试验内容，合理确定各种相似常数，这需要综合考虑多种因素，应在全面分析的基础之上，从抓住主要矛盾入手解决问题。

从分析上述常数间的关系和变形相似条件可以看出，模型设计中首先要考虑的 α_l、α_E、α_γ 这三个相似常数中，有两个是独立和基本的相似常数。在满足模型测量精度、加载能力和材料强度的条件下，是可以任意选择的。当其中两个选定后，则第三个也就随之而定，同时，其余相似常数也就被确定。

对于弹性结构的应力试验，如果模型的工作应力能限制在模型材料的弹性范围内，常允许 $\alpha_\varepsilon \neq 1$。此时，上述三个相似常数就可以作任意选定。例如，模型的液体压力通常采用水银模拟加载较为理想，于是，α_γ 为已知。从式 $\gamma_m = \alpha_l \gamma_P / \alpha_E$ 可以看出，γ 相似比 α_γ 与模型材料的变形模量 E_m 成反比。即在满足同样的测量精度条件下，若用变形模量高些的材料制作模型，则要求模型尺寸应大些；反之，当采用变形模量低些的弹性材料制作模型，则模型尺寸就可允许小些。又如，采用模型材料的变形模量一定，而允许变动加载方法时，则加载能力越大，模型就可越小。在进行拱坝试验时，在库水压力单独作用下，拱冠梁附近的上游坝踵必然要产生梁向拉应力。如模型中采用水银袋加载，则在该坝踵处所产生的拉应变将随坝高、模型比例尺及 E_m 等变大而增大。此时，对于高拱坝试验，为了防止模型坝的拱梁冠附近上游坝踵开裂，在选用模型比例尺时需要考虑这个因素，而且模型不宜采用太大。我们常用 $\alpha_l = 150 \sim 250$。但是，如果在拱坝内开挖多个大孔口泄洪孔，此时，需要在孔四周贴相当数量的电阻应变片测应力。由于电阻应变片需要占用一定的空间，所以模型的 α_l 取决于这部分空间的要求。此时希望 $\alpha_l \leqslant 150$。

如果遇到的地基由变形模量不同的岩层构成，各岩层变形模量之比又有一定的要求，这时需要根据模型材料的变形模量变化范围选定 E_m。例如，在应力试验中，石膏材料的最低变形模量通常不宜低于 300～400MPa（断层除外），这就是模拟原型低变形模量的一项控制值。否则材料就可能变成延质材料，不能模拟原型材料的物理特性。在多数模型试验中，往往对 E_m 及 l_m 都有特定要求，这就需要对模型次要部位的几何尺寸降低精度要求，或者对次要部位的变形模量降低要求。

再如进行稳定试验时，为了使模型的体积力得到较好的反映而采用原型与模型坝和地基的容重相同，即 $\rho_m = \rho_p$，这就要求模型材料的变形模量做得很低，要求能做到 $\alpha_E = \alpha_l$。为了使 α_E 不致过大，则要求模型尽可能做得大些。这是进行稳定试验时，解决模拟体积力困难的一条重要途径。但是，这种材料的变形模量、强度过低条件下的模型又往往满足不了应力试验对测量精度的要求。为了弄清 α_l、α_γ（或 α_ρ）及 α_E 这三个基本相似常数，相互间变化引起的影响和应力误差的定性概念，以有助于合理地选择有关的相似常数，特制表 2.7 和表 2.8 供分析比较。

表 2.7　　α_σ 与 α_l、α_γ 的关系

（从 $\alpha_\sigma = \alpha_p / \alpha_m = \alpha_l \alpha_\gamma = \alpha_l \alpha_p = \alpha_E$ 算出）

α_σ \ α_1 \ $\frac{1}{\alpha_\gamma}=\frac{\gamma_m}{\gamma_p}$	500	400	300	250	200	150	100	50	25	10
1.0	500	400	300	250	200	150	100	50	25	10
10	50	40	30	25	20	15	10	5	2.5	1.0
13.6	36.8	29.4	22	18.4	14.7	11	7.4	3.7	1.8	
20	25	20	15	12.5	10	7.5	5	2.5	1.3	
30	16.7	13.3	10	7.5	6.7	5.0	3.3	1.7		
40	12.5	10	7.5	6.3	5.0	3.8	2.5	1.3		
50	10	8.0	6.0	5.0	4.0	3.0	2.0	1.0		

表 2.8　不同 α_1 与 α_γ、E_m 时相应 $\varepsilon_m=1\times0^{-6}$ 的 σ_p

（从 $\sigma_p=\alpha_1\alpha_\gamma E_m\varepsilon_m$ 算出）　单位：kg/cm^2

$\alpha_\sigma=\alpha_l g\alpha_\gamma$ \ $E_m(kg/cm^2)$	10000	20000	30000	40000	50000	60000
40	0.4	0.8	1.2	1.6	2.0	2.4
30	0.3	0.6	0.9	1.2	1.5	1.8
25	0.25	0.5	0.75	1.0	1.25	1.5
14.7	0.15	0.29	0.44	0.59	0.74	0.88
10	0.1	0.2	0.3	0.4	0.5	0.6
7.35	0.07	0.15	0.22	0.29	0.37	0.44
5.0	0.05	0.10	0.15	0.20	0.25	0.30
3.68	0.04	0.07	0.11	0.15	0.18	0.22
3.0	0.03	0.06	0.09	0.12	0.15	0.18
2.5	0.025	0.05	0.08	0.10	0.13	0.15
1.0	0.01	0.02	0.03	0.04	0.05	0.06

从表 2.7 中不难看出：当模型尺寸选用得大些，即 α_l 小些而加载容重 γ_m 大些，均为了使 α_σ 值小些及模型材料的 E_m 尽量用得小些（要求在完全弹性范围内），则由于电测引起的应变误差对于准确度的影响也小些。但是，当模型材料的变形模量过低以致形成弹塑性体时，将使模型变形过大，且相应的应变误差也将显著增大而影响测量准确度。

当相似常数初步选定后，还要进行检查，如果不满足要求，应进行必要调整，直到达到要求为止。检查内容如下：

（1）模型主要测量部位的材料性能与测量仪器设备条件是否相适应。根据初步经验，对于 $\alpha_l=150\sim250$ 范围内的石膏材料模型坝的变形模量应该检验。

石膏材料的变形模量低于下限值时，材料强度可能偏低，并将影响电测数据的稳定；反之，若模型坝的变形模量高于上限值，则用一般加载方法产生的多数电测应变值过小，将影响测量的精确度。由于建筑物内最大、最小工作应变值相差悬殊，因此，很难定出一个模型测量最大、最小应变的合适范围，而只能从分析定出大致的合理范围。我们希望在加载条件下，测出模型主要部位的压应变应不小于 100$\mu\varepsilon$（微应变）。

(2) 模型工作应力是否在模型材料的弹性限度内。根据应力计算的初步结果，估计模型上可能出现的最大工作应力，并与模型材料的应力-应变曲线相对照，要求模型工作应力应在弹性范围之内。此外，测量的精度也是一个很重要的问题，可以参看本书第 3 章的有关论述。

(3) 模型是否会出现局部开裂破坏。对于均质的模型来说，只要把模型最大工作应力控制在材料弹性范围之内，模型局部破坏的情况就不会发生。但是，在非均质模型条件下，变形模量不同部位的接触面，其抗拉强度可能较低，这些地方可能会出现局部破坏，因而对它们须进行检查（如坝与地基的接触面、加固措施与地基的接触面，实际上是涉及材料的刚度匹配的问题）。首先，要对模型接触面上抗拉强度进行检测，并对模型接触面上可能出现的最大拉应力进行估计；其次，在模型试验中通过数码监控设备进行监控，必要时，还应于加载测量前，在坝顶采用自由支承的压力传感器。例如，在高拱坝结构试验中，仅在坝面水压力作用下，上游坝踵将产生较大的拉应力，会超过模型材料的抗拉强度，为了预防拉裂，可考虑在坝顶施加一定预压应力，即可防止开裂。

总之，模型设计是试验中极为关键的一环，如果模型设计得不好，不仅给试验本身造成困难，更重要的是影响试验成果的质量，有时不得不返工重做，延误试验时间。因此，对于试验人员来说，通过模型设计，要求对整个试验过程中各方面可能产生的误差及其影响，做到心中有数。

5.3 拱坝结构模型制作

结构模型的制作先要完成模型材料块的制作，其制作方法已在前面介绍过，本节主要讨论模型加工的方法和黏结技术。

5.3.1　大坝坝体加工和雕刻

模型干燥后即可进行雕刻，通常针对不同的坝型采用不同的雕刻加工工具。良好的加工工具是保证模型加工质量和提高加工速度的重要条件。下面介绍几种简易的加工工具：

（1）刮刀：可以用旧的板锯以背面为刀口，两侧用足够刚度的硬木条钉牢即成。刮刀的长度应大于要加工的石膏平板的长度，以利于控制加工平面。

（2）加工平台：材料可用不变形的木材或铸铁板做成，平台及其四角应严格保证是平面和直角。在平台的两边或两侧，还需设有可以装拆的、控制模型厚度的升降水平尺一对；平台的边侧两端，还应设有严格控制模型两侧垂直平面的、高度不低于加工模型（带地基）高度的铁角尺（可用完全直线面的角钢做成）等工具。

（3）样板控制模具：当利用上述工具做成严格的矩形平板后，为了进一步按设计要求加工成一个平面的或半空间的模型，常需要借助于用马粪纸、薄铝皮或有机玻璃板等制成的样板控制模具，来严格控制模型的雕刻尺寸。它是控制模型雕刻尺寸的有效辅助工具。

（4）拱坝模型雕刻架：对于拱坝模型的加工，由于其上、下游坝面均呈圆弧形或曲线形，因此，需要采用特制的雕刻架进行雕刻。上游面为变半径双曲拱坝的雕刻架，如图 2.21 所示。对于上游面是圆筒形的等半径拱坝的雕刻架的设计，实际上仅是前一种雕刻架的特例，从图 2.21 中可以一目了然。

当掌握了上述雕刻架的基本使用技巧后，即使遇到像多圆心变半径双曲拱坝或抛物线双曲拱坝或更复杂形状拱坝模型的雕刻问题，也是比较容易解决的。上述木制雕刻架的雕刻精度是足够的（误差可控制在 1mm 内）。

雕刻拱坝模型需注意以下几点：

（1）雕刻架各个组成部分都应具有足够的刚度，且相对主横杆来说，应无变形，雕刻平台也要有足够刚度，且要固定牢，雕

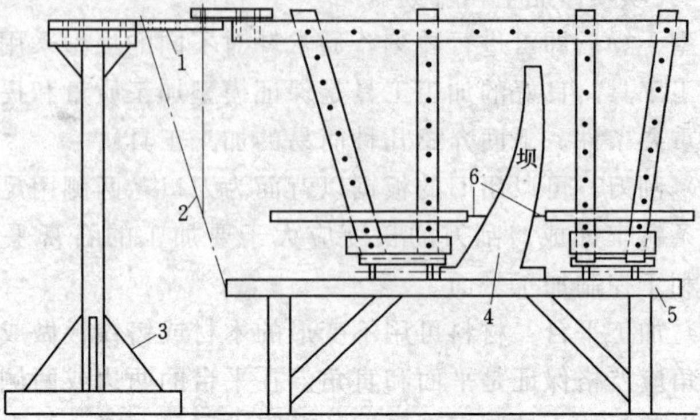

图 2.21 双曲拱坝模型雕刻架

1—圆心板；2—双曲拱坝圆心轨迹线；3—固定支座；4—模坯；5—加工平台；6—刮刀片

刻架的主横杆及平台，在雕刻模型时要严格控制水平，因此应用优质木料做成。

（2）加工模型坝时，首先，要把模坯顶部和底部刮出两个与雕刻架主横杆完全平行的水平面，作为水平基面。其次，定出拱冠垂线位置。这步工作需要通过细致试凑，特别对于形状复杂且上、下游倒悬均较显著的变半径双曲拱坝，若不经过细致试凑确定相对位置，则很可能在雕刻后会出现坝的某部分已刮去过多、另一部分又显得尺寸不够的现象。这里特别需要引起注意。

（3）加工坝与河床地基变形模量基本上相等的模型坝时，最好在模型坝底连接一部分深约 6～10cm 的地基。并在坝底的上、下游两侧尽可能留宽些，且其底面做成平面形式，有利于加工和拼装。

（4）为了使模型雕刻误差限制在 1.0mm 以内，应采取渐近办法控制尺寸，即在上游面或下游面相邻高程间，沿拱圈用划样尺刀刻一定深度后，再用铝皮或铁片特制的、刀口曲率与该高程间坝面基本上吻合的刮刀片刮去模型尺寸以外部分的石膏。且应经常检查尺寸，严防刮去过多。

5.3.2 模型地基的加工

根据模型设计要求，先确定模型地基的平面范围、河床坝底下的深度和两岸山坡的高度。再对模型地基作简化地形、地质平切图。据此即可确定模型分层、分块数量及尺寸和顺序。当坝体与坝基的力学性质相同时，制模板时可将坝体与坝基当作整体考虑，一次浇筑成型。当坝基地质条件复杂时，可将坝体连带一小部分坝基，单独浇筑成型。浇筑过程为便于脱模，应在模具内表面涂以黄油。对坝踵以前的一段上游面地形，由于加载条件需要，常做成基岩的各等高线与上游坝底相应点高程相同，并成喇叭形向上游扩大，以利加载模板安置。下游地形条件应得到认真模拟，在离坝越远处的地形模拟要求可相应降低。

对于地质构造较为复杂的地基模型，在正式制作前，宜先作一个小比例的“概化原型”模型，供进一步校正地质构造条件及取得正式制作经验。这一点值得重视。

5.4 模型拼装和黏结

每一个模型在黏结前，必须分阶段进行逐层逐块的试拼装，待尺寸完全合乎要求后，还须作定位控制措施和顺序编号，即对模型在固定模型台上或底层已粘好部分模型上划出定位的记号样线和编号。对每块石膏模型的黏结面上，在进行黏结前，为了预防环氧胶水或其他黏结剂渗入而影响黏结质量和强度，都应涂两次酚醛防潮绝渗清漆。待清漆完全干燥后（注意不够干燥的涂漆面与黏结剂不易粘牢）再进行黏结。在黏结面上涂的黏结剂，量不能太少，应以黏合后在其上加压重，黏结料能被挤出来些为合格，否则易形成某些部位黏结不良。

黏结模型还需考虑气温条件。在寒冷天气，为了保证黏结质量，如黏结剂采用环氧胶水时，最好对需要黏结的石膏面预先用红外灯照射加热，使环氧胶水涂在其面上时，仍能保持易滑动的液体状，而不致立即变稠，进而影响黏结质量。

要注意严格掌握环氧胶水未加固化剂前的温度，不要高于室温。如环氧胶水已涂在模型黏结面上仍然较稀而极易流动，则可稍等几分钟，待涂面上的胶水有些变稠感时再黏合，这样就能避免黏结面上胶水流出来影响黏结质量。模型每黏结一层，都要做控制定位措施，且黏结后在胶水初凝前一段时间内，还应经常观察其定位情况，特别当黏结面以上那块模型在胶水初凝前有两个方向移动可能时，常易错位，导致返工甚至报废。

模型地基逐层逐块黏结并不困难。黏结质量检查，除了上述所说的层块间的胶水量宜以稍能挤出来一些为准外，对于较薄的黏结层，还可在上块模型板面上，用手或工具轻度敲打，从所听到的声音中进行判断。

模型坝的黏结，较常采用的方法有两种：一种方法是黏结大模型坝时，当黏结坝基稍高出河床面后，即黏结模型坝，而后再逐层往上黏结两岸地基，这样，容易保证黏结质量。否则，若待全部地基粘好后再粘坝，则由于两岸拱座均为陡坡面，胶水会自上而下流出，而模型坝的尺寸较大，起动定位又均不够灵活，致使模型坝的黏结质量不易保证，模型精确位置不易控制。另一种方法是黏结连同整个坝底部分厚度地基的模型坝或尺寸较小的模型坝时，可考虑将全部地基都做好后，再沿整个拱座及坝基面涂上足量的黏结剂，并在模型坝或连同部分坝基的底面也涂上足量的黏结剂，待两者黏结面上的黏结剂开始变稠时，再按照预先划好的定位样线控制定位黏合，并加上一定的压重和作控制定位措施。须要指出，这两种方法的适用情况，也不是固定不变的，它与试验人员的经验和模型加工条件有关。

模型坝在黏结前，需要对坝上、下游靠近基面处的应变片采取保护措施，以预防粘模时沾上黏结剂而影响应变片的工作性能。最常用的办法是，在应变片表面用蜡封或在其表面涂凡士林并盖以薄电容纸隔渗，务必使粘时被挤出来的黏结剂不致粘到应变片上为准，这也是保证测量质量很重要的一环。黏结剂的变形模量，最好能与两层石膏变形模量之一相同，或介乎其间，当实在不容易控制时，则采用胶水的变形模量标准宜比黏结的石膏的变形模量略高而不宜偏低。对于平面或坝段模型的黏结比较简单，但如何控制好定位，使两侧严格对称，也需给以应有的重视。

目前，国内对地质力学模型制作的经验已经比较丰富，各种新的黏结胶水也使选择余地更多，因此从技术上讲，模型的组装和黏结技术已经比较成熟。

第 6 节　荷载及加载方式模拟

高拱坝地质力学模型试验在模型结构制作完，置于试验台上后，立即安装荷载设备，目前荷载一般只模拟水荷载、泥沙荷载以及自重荷载。水荷载可采用油压千斤顶组来施加，例如，李家峡拱坝地质力学模型试验就采用了千斤顶法模拟，共用千斤顶 76 个，每组千斤顶均与分油器相连，各层千斤顶均用一个油压表控制压力，用油泵施加油压。施加油压的顺序是由坝体底部开始，逐层向上施加，直到坝体顶部；卸载过程则与此相反。也可采用气压袋法模拟，例如，二滩拱坝地质力学模型试验采用了 8 层内隔板式气压袋模拟，每层气压袋由一个水银毕托管控制气压。采用这种气压袋的优点是：可按增大 γ 法加载，自始至终保持水荷载按同一高度的三角形荷载分布，气压袋自始至终与坝面吻合，模型上施加的荷载均匀，且在小荷载的情况下也能准确地模拟荷载，加载、卸载方便。荷载加载采用分级加载方式，荷载分级采用 0—0.3P_0—0.6P_0—0.8P_0—1.0P_0（P_0 为正常荷载）。大坝和坝基岩体的自重按其实际容重模拟。下面就目前拱坝试验中常用的几种加载方式以及加载设备等进行说明。

6.1　液体加压

液体加压以水银最为常用。特殊情况下，也可采用其他不同容重的液体。水银液体压力呈三角形分布，其比重为 13.6，压力强度较大，能使模型产生较大的变形，有利于提高测量精度。因此，在结构模型试验中，水银是模拟坝面水压力的理想液体。为了使水银液体作用于模型坝面，需要特制的棉纶橡胶袋。这种橡胶袋内的净空可装水银厚约1～2cm。袋的背面靠近底部处接有内径0.6～1.0cm、长约20cm的两根管子，一根接水银筒，另一根接测压管。在袋的顶端接有类同的通气管。用于拱坝试验的水银橡胶袋，其形状尺寸应与坝面吻合，并稍留余地，特别是高度应高出坝顶5cm左右。对于坝段或平面模型的水银加载橡胶袋，其宽度略大于模型坝面宽度，以保证橡胶袋与模型坝面完全吻合。水银加载支承模板的形状尺寸应与加载坝面相适应，并具有足够的强度和刚度。从这个要求出发，对于形状单一的或平面模型的水银加载模板，宜用木材制作；两侧模板，宜采用有机玻璃制作。边侧与模型侧面间的空隙距（1.5mm左右）应严格控制等距。

图2.22为用水银加载的加载示意图。图中水银筒的顶面焊一短管，顶部用螺帽密封（也可设一阀门）。使用时，顶部接一根橡皮管，直通室外，以保证筒内水银面上的压力等于大气压力。水银筒靠底部侧面焊一内径约1.0cm的出水银管，通过高压橡皮管与水银橡胶袋连通，在筒内出口处接有控制阀门。采用提高水银筒、用气压或水压等办法使水银流入袋内，其液面高程可由测压管测量。水银加载系统在使用前，要经过严格的检查和加固，特别是加载橡胶袋及管口接头处，均须保证不漏；模板与加载坝面间的距离要相对固定，需要预先放好样线控制，这对保证测量数据的稳定和模型不误被模板顶坏是必需的；在水银加载时，应防止空气在测压管内阻塞水银，在卸载时应控制水银筒降低的高程，务必使测压橡胶管内充满水银；为了将坝面高程精确的表示到测压管标高尺板上，可用装清水、两头接有连通橡胶管的玻璃管定位，测压板的标高尺板位置要严格固定，不允许上下移动。由于水银的特殊性，一旦不慎会对人的健康产生较大危害，因此现在一般不采用这种加载方式。

6.2 油压千斤顶加载

油压千斤顶加载系统由以下部分组成：电动或手动高压油泵，油压小千斤顶，分油器及传压设备等。千斤顶及其管路系统

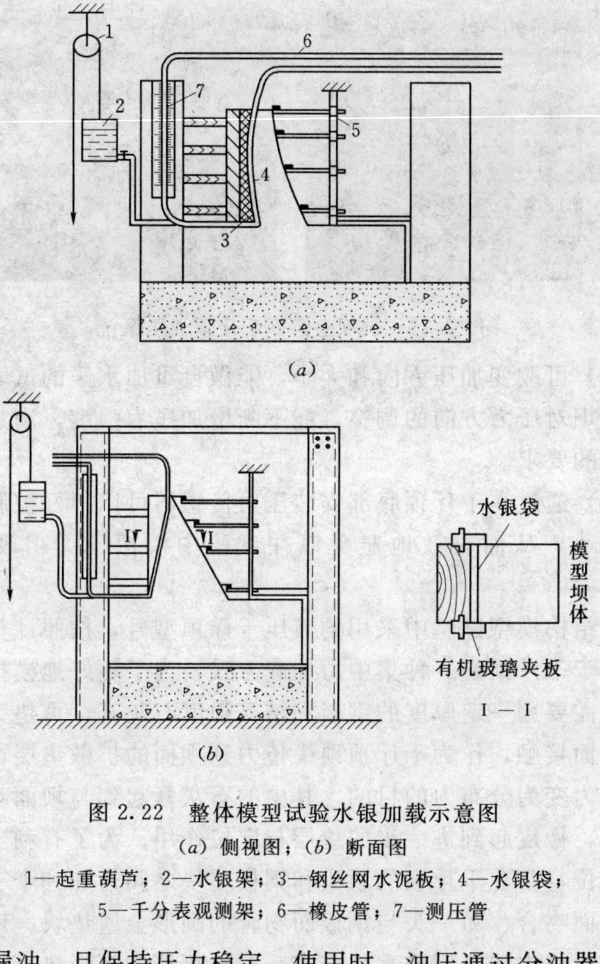

图 2.22　整体模型试验水银加载示意图

(a) 侧视图；(b) 断面图

1—起重葫芦；2—水银架；3—钢丝网水泥板；4—水银袋；

5—千分表观测架；6—橡皮管；7—测压管

均应不漏油，且保持压力稳定。使用时，油压通过分油器传至千斤顶，再由千斤顶活塞通过传压设备（由钢板、木板或石膏垫块组成）传至模型表面。传压垫块间留有空隙，以便不压住电阻片。图 2.23 所示为清华大学水利系对拱坝使用的油压系统。

使用千斤顶加压系统主要优点如下：

(1) 可变更压力强度，满足测量精度要求；还可以利用不同压强比例尺的试验值校核应力和变位。

图 2.23 拱坝上游面千斤顶油压系统

(2) 可改变加压方向和大小，能做自重加水压的试验，适用于薄拱坝对压力方向的调整，能不断增加压力强度，满足超载破坏试验的要求。

(3) 通过在千斤顶底部安装压力传感器可以很好控制实际加力的大小，从而有效地避免以往试验中模拟压力出现偏差的几率。

在结构模型试验中采用的液压千斤顶型号，按照计算选择。

由于千斤顶是一种集中力加载方式，为了更好地模拟坝面水压力，需要用一定厚度的钢板黏结高强度石灰膏，再垫一层薄橡皮与坝面接触，作为千斤顶顶头传力到坝面的扩散垫层，有助于将集中力变为分布力的目的。其中的石灰膏起到与坝面吻合的传力作用，橡皮起到进一步的垫层与定位作用。为了有利于传力和顶头定位，常在千斤顶的顶头和钢板垫块之间另加一个一头与千斤顶顶面吻合、另一头与钢板面吻合的圆形金属垫块。钢板、石膏垫块及橡皮间要用胶水粘结实，对于相邻的石膏垫块间应有一定的间隔，以适应坝体受力变形而不影响各个垫块的传力；对于破坏试验，间距要适当加大，特别是坝踵，以便于在试验过程中对上游面以及坝踵开裂进行实时监测。图 2.24 所示为拱坝上游面千斤顶分布图。

在进行千斤顶的型号和个数的选择之前，首先应将作用于坝面的水压力算出来，然后进行水压力的分快试算和千斤顶的布

图 2.24　拱坝上游面千斤顶布置图

置、选型。下面以某高拱坝为例，对拱坝千斤顶的分布以及荷载具体算法推导如下。

1. 基本水荷载分布

某拱坝如图 2.25 所示，底部高程为 332m，顶部高程为 610m，模型比例尺为 1∶250，水荷载高程为 600m，初步将拱坝分为 7 个高程，分别为 600m、570m、530m、490m、450m、410m、370m 和 332m，那么相应水荷载高度 $h_1 \sim h_7$ 分别为 30m、40m、40m、40m、40m、40m 和 38m。

2. 计算沿每个高程区域单位米的集中力

从图 2.25 可容易计算出原型每单位高程(m)的集中荷载，最上面三角形区域 F_1 可由下式计算得出：

$$F_1 = h_1^2/2 = 450\text{t/m} \tag{2.45}$$

对于其下的梯形区域，可通过下列公式计算得出：

$$F_i = \left(2\sum_{j=1}^{i-1} h_j + h_i\right) h_i/2 \tag{2.46}$$

由式（2.46）很容易计算出原型对应高程区域的集中力 $F_2 \sim F_7$ 分别为 2000t/m、3600t/m、5200t/m、6800t/m、8400t/m 和 9462t/m。

由前述相似理论，可很容易得出模型中对应区域的 F_m，即

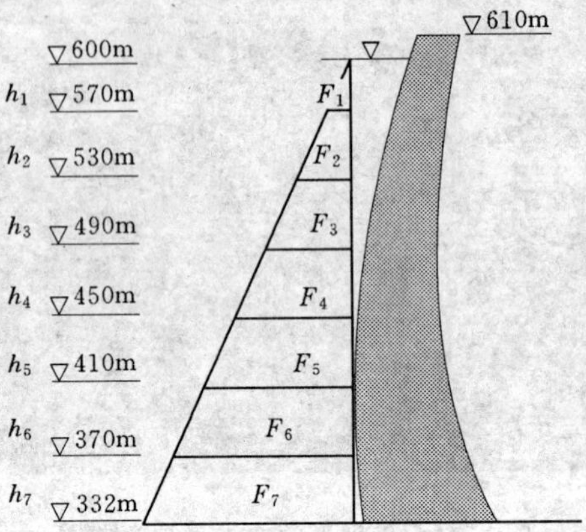

图 2.25 某拱坝水荷载分区示意图

可由下式求出：

$$F_m = F_p / C_L^2 \tag{2.47}$$

式中：C_L 为相似比。

因此，容易得出模型对应单位高程(m)上的集中力 $F_{m1} \sim F_{m7}$ 分别为 0.072kg/cm、0.32kg/cm、0.576kg/cm、0.832kg/cm、1.088kg/cm、1.344kg/cm 和 1.51392kg/cm。

3. 计算集中力的垂直坐标位置

通过计算可知模型中千斤顶所在的高程位置，最上面三角形区域 $H_m = 600 - 2h_1/3.0 = 580$m。其他对于其下的梯形区域，集中力所在的位置距离上边界的距离 c 可由下式计算得出：

$$c_i = \left(3\sum_{j=1}^{i-1} h_j + 2h_i\right) h_i^2 / 6F_i \tag{2.48a}$$

$$H_{mi} = h_i - c_i \tag{2.48b}$$

由式（2.48b）很容易得出原型对应高程区域的集中力所在位置 $H_{m2} \sim H_{m7}$ 分别为 547.333m、508.5185m、468.9744m、429.2157m、393.1746m 和 350.5167m。

4. 计算集中力的水平坐标位置

由已知坝体的体型资料可获得模型中坝体相应高程 580m、

547.333m、508.5185m、468.9744m、429.2157m、393.1746m 和 350.5167m 分别对应的左、右岸弧长和总弧长 L_{lmi}、L_{rmi}、L_{tmi}，见表 2.9。

表 2.9　模型中相应高程弧长表

高程（m）	左岸弧长 L_{lmi}	右岸弧长 L_{rmi}	总弧长 L_{tmi}	高程（m）	左岸弧长 L_{lmi}	右岸弧长 L_{rmi}	总弧长 L_{tmi}
580	137.3	139.5	276.8	429.2157	112.26	106.88	219.14
547.333	133.57	128.79	262.36	393.1746	88.54	91.05	179.59
508.5185	129.21	121.79	251	350.5167	49.64	40.56	90.2
468.9744	124.07	115.54	239.61				

根据以上数据，如果在 580m 高程选择 10 个千斤顶，则容易计算出每个千斤顶所覆盖的水平距离 $D_1 = L_{lml}/10 = 27.68$cm，则也容易计算出每个千斤顶的出力 $f_{ml} = F_{ml}D_l = 0.072 \times 27.68 = 1.933$kg。

同理，如果假设 547.333m、508.5185m、468.9744m、429.2157m、393.1746m 和 350.5167m 对应的千斤顶个数分别为 10、10、10、9、7 和 4，则很容易计算出相应的水平距离 D_i 和每个千斤顶的出力 f_{mi}，见表 2.10。

表 2.10　某坝地质模型试验加载计算表

高程（m）	距离 D_i（cm）	出力 f_{mi}（kg）	千斤顶个数及直径（mm）	面积（cm^2）	P_0（kg/cm^2）	水平拱圈位置坐标（坝轴线为 0，向右岸为正）
580	27.68	1.933	10ϕ8.3	0.54	3.69	−123.46，−95.78，−68.1，−40.42，−12.74，14.94，42.62，70.3，97.98，125.66
547.333	26.236	8.4	10ϕ11.04	0.956	8.79	−120.45，−94.2，−67.98，−41.74，−15.51，10.73，36.97，63.2，89.44，115.67
508.5185	25.1	14.46	10ϕ12.6	1.247	11.6	−116.66，−91.56，−66.46，−41.36，−16.26，8.84，33.94，59.04，84.14，109.24

续表

高程(m)	距离 D_i(cm)	出力 f_{mi}(kg)	千斤顶个数及直径(mm)	面积(cm^2)	P_0(kg/cm^2)	水平拱圈位置坐标(坝轴线为0,向右岸为正)
468.9744	23.961	19.94	10ϕ16	2.01	9.9	−112.1, −88.13, −64.17, −40.21, −16.25, 7.72, 31.68, 55.64, 79.6, 103.56
429.2157	24.349	26.5	9ϕ16	2.01	13.2	−100.09, −75.74, −51.39, −27.04, −2.694, 21.655, 46.004, 70.353, 94.702
393.1746	25.656	34.48	7ϕ17.8	2.49	13.9	−75.712, −50.056, −24.4, 1.256, 26.912, 52.568, 78.224
350.52	22.55	39.09	4ϕ22.5	3.97	9.85	−36.231, −10.413, 15.405, 41.223

6.3 气压加载

气压加载法将水压力压强沿坝面高度分为许多梯段，在每一段设置一个用乳胶制成的气袋，在每一个乳胶袋的背面装上气嘴，作为进出气通道。同时，在乳胶袋背面另一位置设置一与测压管或压力表相连的乳胶管。各段袋内空气压力用一个空气压缩机或打气筒充气。

气压加载的具体做法：每个乳胶袋的高度（沿坝面）为2.5～5.0cm，具体取决于模型的比例及加载精度的要求。乳胶布的厚度约1～2mm，袋内空气厚度约1.0～1.5cm。此外，还要做一个内侧与上游坝面吻合的，支承不同高程乳胶袋气压加载的支架。相邻乳胶袋之间，用一个边缘与内侧形状完全吻合的刚度足够的钢板隔开，并控制钢板边缘与坝面的距离（1.0mm左右）。在乳胶袋厚度以外的钢板之间的空间，用平整硬木相连接，并拴紧，使在分级压力作用下钢板内侧没有任何扰动。

气压加载装置的简图如图2.26所示。气压加载系统主要由自下向上的分级乳胶袋组成。每个乳胶袋上均设有进气管、出气管和测压管（接有压力表）。相邻乳胶袋之间用隔层隔开，以避

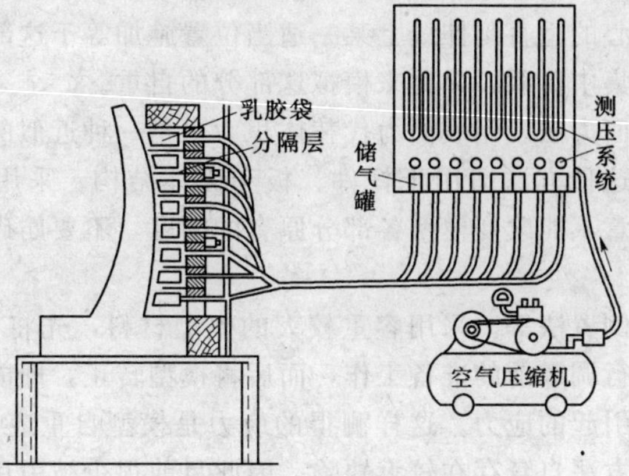

图 2.26　气压加载装置图

免相邻气袋之间压强相互影响。

测量时，每个乳胶袋内的压力分布成矩形，其压强就以每个矩形荷载高度一半处压强为准（见图 2.27）。这样，就每一分块或总坝面水压来说，水平向总水压力没有变化，仅在每一分块的上部增加一个三角形荷载，在分块下部则减少了一个大小相等的三角形荷载。因此，在每一分块上额外增加了一个由于一对反向的三角形荷载所引起的力矩。当每一块的高度越小，由于矩形水压代替三角形水压引起的附加力矩也越小。因此，这种方法通过分隔的乳胶袋系统用阶梯形水压荷载代替了实际三角形水压，虽然没有严格三角形分布那么理想，但仍然可以做到使由此引起的误差在允许范围内。

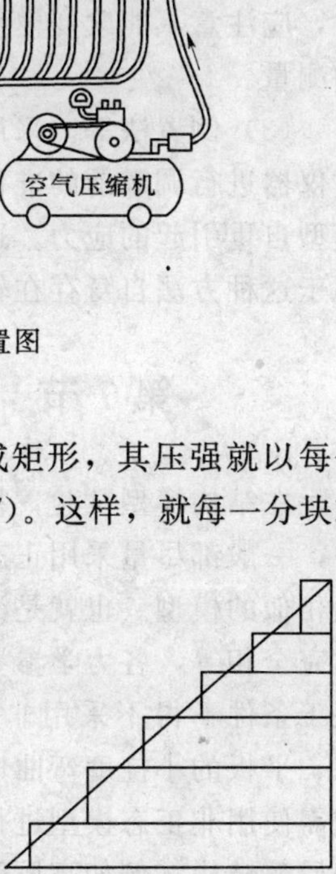

图 2.27　气压加载压力分布图

以上所述主要是针对模拟静水压力加载的方法，在实际拱坝模型中有时需要模拟自重加载方法，尽管在实际模拟自重应力中仍然有困难，但通常采用的方法有以下几种：

(1) 集中荷载法。这种方法在块体模型结构试验中采用较为普遍。具体实施办法是将模型虚拟地划分为若干部分，找出重心，在重心的垂直延伸线上某一适当位置施加等于这部分模型自重的一个集中荷载，以此来模拟这部分的自重。

(2) 面力法。用表面力代替体积力也是一种近似的可以采用的方法。这种方法适用于杆件、板和壳体结构。采用这种方法时，应注意不能改变模型各部分原有的刚度，不要妨碍物理现象的测量。

(3) 倒置法等。采用容重较大的模型材料，先将模型倒置，对仪器进行调零前的准备工作，而后将模型转正，即能测得由于模型自重引起的应力。这样测得的应力是模型自重应力的 2 倍。由于这种方法自身存在较大缺陷，因此目前很少被引用。

第 7 节　非正态模型设计问题

在结构模型试验，特别是水工混凝土建筑物的结构模型试验中，一般都尽量采用正态模型。所谓正态模型是指几何及力学完全相似的模型。也就是说，在三维空间里，各方向的几何相似常数完全相等，各力学参数相似一致。但有时遇到一些特殊问题，限于条件不得不采用非正态模型。例如，研究板的平面应力状态、平板的小挠度弯曲以及无矩薄壳的应力状态及其稳定性等，就需使用非正态模型进行试验。水工建筑物中的类似结构以及某些局部结构（例如高压管道的加劲环）就可使用非正态模型，但要注意，每个非正态模型都受其前提条件的限制，使用时需要慎重。

现以板平面应力状态为例，说明非正态模型的设计问题。设计研究其结构模型时，如按正态模型考虑，其主要困难是板的厚度不易模拟。即板厚度方向的几何相似常数与板平面内的不同。设其荷载相似常数为 C_p，板平面内的几何相似常数 $C_l = C_x = C_y$，板厚度方向的几何相似常数为 C_d。我们知道，板的平面应力 σ 是荷载 P、几何尺寸 l 和 d 以及变形模量 E 和泊松比 μ 的函

数，即

$$\sigma = f(P, l, d, E, \mu) \tag{2.49}$$

又知，应力 σ 与荷载 P 成正比，与厚度成反比，故式（2.49）可改写为

$$\left[\frac{\sigma d}{p}\right] = f(l, E, \mu) \tag{2.50}$$

通过量纲分析，可得

$$\left[\frac{\sigma dl}{p}\right] = [\mu] \tag{2.51}$$

所以，相似条件应该是模型材料与原型材料的泊松比相等，即

$$\mu_p = \mu_m \tag{2.52}$$

换算关系应为

$$C_\sigma = \frac{C_p}{C_l C_d} \tag{2.53}$$

式中：C 为相似常数，即分别为其脚注项的相似常数。

通过类似的分析，可知变形 u 的换算关系为

$$C_u = \frac{C_p}{C_E C_d} \tag{2.54}$$

又如，在设计水电站有加劲环的高压钢管模型时，遇到的一个困难是由于尺寸较小，其加劲环的尺寸难以做到完全几何相似。如果假定钢管管壁的内力主要是膜内力，经过分析研究则可以得到加劲环的相似条件是：只要加劲环的截面积大小相似，完全可以不考虑其具体形状。这样就解决了模拟中的困难，简化了模型制作。

在正常情况下，应尽可能避免使用非正态模型。

第 3 章　地质力学模型中的测量技术

第 1 节　概　　述

地质力学模型试验测量的主要目的是，获得所需的各种参量，并将它们变成分析问题所依据的数据、图表或曲线等。而测量技术则是为了实现这一目的而制定的合理方案和具体手段。测量技术在试验中是很重要的一个环节。

本章重点介绍目前地质模型测量中的主流仪器、数据采集系统以及数据分析方法。

1.1　仪器的组成

在地质力学模型试验中，广泛应用非电量电测法解决各种的测量任务。图 3.1 所示为对非电量进行电测量的测量仪器流程图。

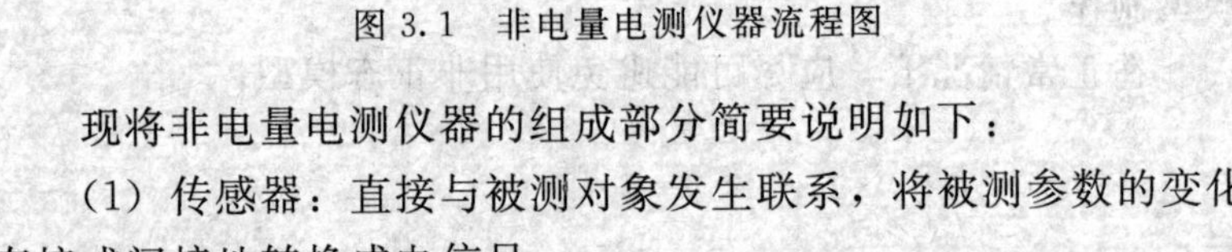

图 3.1　非电量电测仪器流程图

现将非电量电测仪器的组成部分简要说明如下：

(1) 传感器：直接与被测对象发生联系，将被测参数的变化直接或间接地转换成电信号。

(2) 测量电路：或称信号调节器，将传感器输出的信号，根据输出装置或数据采集和数据处理装置的需要进行交换。测量电路根据传感器要求不同而异，最常用的有桥型电路。

(3) 输出装置：在测量静态和动态的被测量时，根据不同的测量任务选用适当的模拟或数字显示输出装置。

(4) 记录装置：可以采用机械、光学、磁性和电子存储原理进行模拟和数字记录。

(5) 数据采集装置：主要用于模拟和数字多路测量，对测量值可实现远距离传输和遥测等。

(6) 数据处理装置：根据不同的测量任务，用在测量期间或测量之后对测量数据进行自动处理。

1.2　仪器的性能

评价仪器品质的指标是多方面的，但作为仪器的基本性能，主要是衡量仪器测量能力的指标包括精确度、稳定性、测量范围、动态特性、可靠性等，下面简要介绍仪器的性能指标。

1.2.1　精确度

精确度简称精度，它是精密度和准确度的综合反映。精密度说明在同一条件下进行重复测量时，仪器指示值的分散性。随机误差的大小是精密度的标志。精密度高，意味着随机误差小，但精度不一定准确。准确度说明仪器指示值与真值的偏离程度，系统误差的大小是准确度的标志。准确度高，意味着系统误差小。

精度高，意味着随机误差和系统误差都很小。精度最终是以测量误差的相对值来表示的，相对误差便于评价测量精度。绝对误差宜用于校正测量的结果。误差越大，说明精度越低；误差越小，精度越高。例如，某传感器或仪器的相对误差为1%，则可说其精度为 10^{-2}。如果主要是随机误差引起，则其精密度为 10^{-2}，反映对该测量结果的离散程度；如果主要是系统误差引起，则其准确度为 10^{-2}，反映该测量结果与真值的偏离程度。

在工程应用中，为了简单表示仪器测量结果的可靠程度，引入一个仪器精度等级的概念，用 A 表示。精度等级 A 以一系列标准百分比数值（0.001，0.005，0.02，0.05，…，1.5，2.5，4.0，6.0，…）进行分档，它可以用下式表示：

$$A=\frac{\text{仪器在全刻度范围内的最大允许误差}}{\text{仪器刻度盘的上限值}-\text{仪器刻度盘上的下限值}}\times 100\% \tag{3.1}$$

1.2.2 稳定性

说明仪器示值稳定性的包括两个指标：一个指标是时间上的稳定性，以稳定度表示；另一个指标是仪器外部和工作条件变化所引起示值的不稳定，用各种影响系数表示。

（1）稳定度是由于仪器中随机性变动、周期性变动和漂移等引起指示值的变化，一般它以精密度的数值和时间长短共同表示。在一定的环境和工作条件下，被测量为零时的输出变化值称为零点漂移；经过一定时间后，满量程输出的变化值与满量程输出之比值称为满量程漂移。通常以固定不变的输入量长时间地作用于仪器时，输出量所产生的变化（即波动）来反映仪器的漂移大小。很明显，输出波动越小，说明漂移越小。

（2）环境影响：室温、大气压和振动等外部状态变化对于仪器表示值的影响，以及电源电压、频率等仪器工作条件变化对指示值的影响统称为环境影响，用影响系数来表示。

1.2.3 仪器的输入和输出特性

（1）测量范围。测量包括输入范围和输出范围，任何一种仪器都对它的输入范围有一定的要求。超过这个范围，要么使得测量精度由于线性变坏而大大下降，要么可能导致仪器的损坏。仪器的输出范围往往受到最大和最小电参量变化的限制，而这些电参量又与输入物理量的最大和最小值相对应。

（2）灵敏度。仪器在稳定状态下，输出（y）变化对输入（x）变化的比值称为灵敏度，用 s 表示，$s=\mathrm{d}y/\mathrm{d}x$，它是仪器静态特性曲线上各点的斜率。在线性特性的仪器中，s 是常数。在非线性特性的仪器中，s 在量程范围内不是常数。

（3）分辨率。分辨率是指仪器可能检出被测量的最小变化值。分辨率可以分为绝对分辨率和相对分辨率。绝对分辨率 U_Q 是可对被测量进行检测或加以区别的最小间隔数值。相对分辨率 Q_U 与它的测量范围 U_M 有关，相对分辨率越高，则可测的被测量值越小。一般分辨率较高的测量仪器的误差相应的也要小一些。

(4) 线性度。线性度或称非线性误差，表示仪器的输出量与输入量的实际关系曲线偏离拟合直线的程度。一般线性度以全量程内偏离拟合直线的最大偏差值与满量程输出平均值之间的百分比表示。所谓拟合直线是通过计算或图解得出的一条校准线，计算方法包括最小二乘法、平均选点法和端点法等。

(5) 迟滞。迟滞说明一个仪器正向（输入量增大）特性与反向（输入量减小）特性不一致的程度。迟滞大小一般由试验确定，其值以整个测量范围内产生的最大迟滞误差与最大的被测指示值的百分比值表示。

(6) 重复性。在同一工作条件下，输入按同一方向作全量程连续变动多次时，输入-输出特性曲线的一致性称为重复性。特性曲线一致，重复性好，误差也小，它可以用输入-输出特性曲线间的最大偏差与满量程输出的百分比来表示。

(7) 动态特性。当测量随时间而变化的参数时，必须研究仪器及被测对象的动态特性。大部分模拟式仪器的动态特性常用典型输入信号和给定初始条件下的特解作为仪器动态特性的描述。

在被测量随时间变化的过程中进行测量所产生的附加误差称为动态误差。动态误差是由于测量仪器对输入信号的变化来不及响应（由于元件往往具有一定的惯量），或者仪器不能让输入信号的所有成分全部通过，或者输入信号中不同频率成分通过仪器时受到不同的衰减和延迟而造成的误差，使测量信号在输出端失去原形。测量仪器的动态误差是动态中和静态中测量误差的差值。

1.2.4　可靠性

可靠性是指仪器性能特性的时间稳定性，或者说是构成仪器的部件及构成部件的元件等功能随着时间保持稳定性的程度。仪器的可靠性通常可定义为：仪器在规定的条件下（满足规定的技术指标，包括环境、使用和维护等），并在给定误差极限内连续工作的可能性。

1.3　传感器

在模型试验中，为了研究某些物理现象，测量和控制某些过程的进行以及探索某些未知的变化规律都离不开要测量一系列表示它们特征的参数，而这些参数通常是一些非电量。为了适应测量系统的需要，一般应用电测法测量非电量。

传感器是用来将非电量转换为电量或参电量（R、L、C）的装置。因此，传感器至少应具有以下两方面的功能：能感受非电量；能将非电量转换为电量或参电量。

传感器是测量系统的第一个环节即处于复杂的测量、控制系统的入口处。它能为计算机提供大量的可靠的原始数据和信息，没有传感器，计算机也无法发挥其应有的作用。因此，传感器的性能、可靠性及选用是否恰当，将对整个测量系统具有决定性的作用。

在研究测量仪器或组成测量系统的过程中，除了对仪器的性能指标有许多要求之外，对传感器也提出了相应的性能指标要求，传感器的性能指标和测量仪器的性能指标相类似。在实际应用中对这些性能指标要求总是有所侧重的，必须根据具体情况加以选择和应用。

1.3.1　传感器的组成

传感器一般由敏感元件、传感元件和测量电路三部分组成，有时还加上辅助电源，如图3.2所示。传感器的组成将依不同情况而有所差异。

敏感元件是直接感受被测量（一般为非电量），并输出与被测量成确定关系的其他量（包括电量）的元件。传感元件，又称为变换器，是传感器的重要组成元件，可以直接感受被测量（一般为非电量）而输出与被测量成确定关系的电量，例如热电偶和

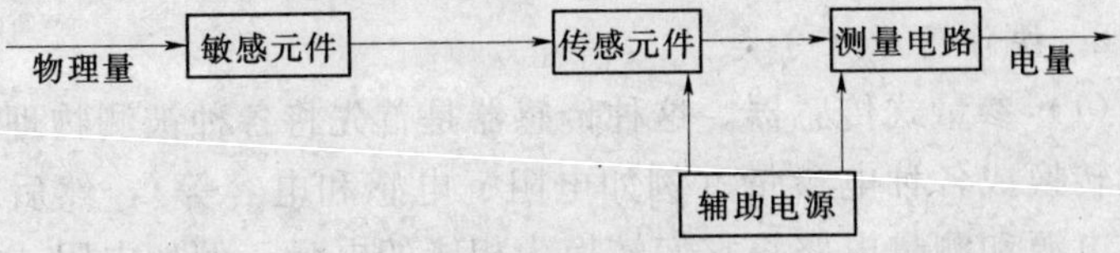

图 3.2　传感器的组成方框图

热敏电阻；但也可以不直接感受被测量，而仅感受与被测量成确定关系的其他非电量，例如差动变压器式压力传感器，在一般情况下使用的都是这种传感元件。测量电路能将传感元件输出的电信号转换为便于显示、记录、控制和处理的有用电信号的电路。测量电路视传感元件的类型而定，其中使用较多的是电桥电路和放大器等。

1.3.2　传感器的分类

随着科学技术的发展，根据生产、科学试验的需要，利用许多物理现象设计和制造了各种传感器。根据不同的目的，传感器可有不同的分类方法。

1. 按结构分类

（1）串联转换式传感器。这种传感器能完成一系列的转换，传感器的灵敏度是各串联环节灵敏度的乘积，因此，只要提高各环节的灵敏度，即可提高整个传感器的灵敏度，但对于外界的影响（例如温度的变化）所引起的误差不能消除。

（2）差接式传感器。这种传感器在结构上将两个同类型传感器的输出环节差接起来，做到使干扰信号相减，而有用信号则尽可能相加在一起。这种传感器可用来补偿温度产生的误差和其他作用的影响。

（3）补偿式传感器。这种传感器的结构是由一个闭环的反馈系统所组成。它可以实现自动地对被测量与反馈量进行比较。这类传感器结构较复杂，但性能方面却有许多优点：具有方向性；可以补偿外界作用的影响所引起的误差；输出端可以获得大功率的信号；可以带动较多的输出机构；可以使输出量与输入量之间成任意可能的函数关系。

2. 按作用原理分类

(1) 参量式传感器。这种传感器是首先将各种被测物理量的变化转换成各种电参量（例如电阻、电感和电容等），然后通过外加电源和测量电路将它们转换为相应的电量。例如电阻式传感器、电容式传感器和电感式传感器等。

(2) 发生式传感器。这种传感器本身就是一种电能发生器，它无需外加电源即可直接将被测非电量转换成相应的电量（电压或电流）。例如热电式传感器、压电式传感器和感应式传感器等。

3. 按用途分类

按用途分类主要是从被测量的种类出发进行划分，可为传感器的选用提供方便，并有利于从被测参数的特点方面研究传感器。例如机械量（位移、速度、加速度、力、水位、压力、流速和流量等）、物理量（温度、热电阻等）和化学量等。

1.3.3 传感器的选用

选用传感器有以下几项基本原则。

(1) 传感器的电器性能必须满足测量系统的要求。根据测量参数的不同特点（如水力量、机械量等）选择能够正确反映其物理特性的传感器；否则，就不可能达到准确测量的目的。传感器的输出与被测量中间应具有良好的转换关系。量程及频率响应要选择适当，量程既要满足参数的最大范围，又不宜过大。对于速变参数，必须考虑传感器的频率响应。传感器的精度应根据测量系统的精度分配来考虑，应适当选择，不可在要求不高的情况下，过高地追求精度，以免造成浪费和选用方面的困难。传感器的输出信号形式及变化范围，要尽可能便于与数据采集装置相连接，以便使测量电路尽可能简化。传感器本身要功耗小，内部噪声小，尽量避免引进外界噪声等。

(2) 根据用途的不同选择合适的类型。随着传感技术的不断发展，对于同一被测量，可由不同原理及不同方法的传感器来完成，因此，要根据不同的用途加以选择。而且还必须从经济观点考虑。表3.1列举了在拱坝试验中经常用到的几种传感器的类型、原理及工作方式，供选用时参考。

表3.1　按用途分类的几种传感器的原理及工作方式

被测量	原理	敏感元件	工作方式
水位（液面）	电阻式	平行导体	测导体间电解液的电阻
	电容式	平行电极板	测定由极板间的液位所引起的电容变化
	超声波式	超声波换能器	测定由液面引起超声反射回波的变化
	浮力式	浮子或浮筒	通过平衡原理对液面作连续跟踪
压力	电阻式	压力计元件	测定电阻丝（应变片）的电阻值变化
	电阻式	膜片＋应变片	测定应变片的电阻值变化
	弹性式	波纹管、膜片、膜盒	测波纹管受压变形产生的位移
	压敏电阻式	半导体膜片	测定受压引起的半导体电阻的变化
温度	电阻式	测温电阻	测定铂、铜等随温度的变化而引起的阻值变化测定阻值变化，适合测定微小温度变化
	电阻式	热敏电阻	
	热电式	热电偶	测定热电势，适合广温域的温度测量
	膨胀式	双金属片	利用双金属片的位移
位移	电阻式	电位计 应变计元件 电解液中电极	测定由触点移动所引起的电阻变化 测定由电阻应变片或半导体应变片受拉或受压所引起的电阻变化 测定由电极移动所引起的阻值变化
	电感式	电感 可变电感 差动变压器	按位移测定自身或相互之间的电感变化 测定由触点移动所引起的电感变化 利用线圈内强磁性体的移动所引起的二次电压变化
	电容式	电容	测定由极间距离或相对面积的变化所引起的电容变化
	干涉式		干涉条纹的计数

（3）要综合考虑传感器的优缺点，对技术指标应有所侧重，应首先满足主要技术要求。

（4）传感器的构造参数（例如尺寸、重量和形状等）要满足安装使用条件。

由于被测对象条件的限制，往往对传感器的结构提出许多特殊的要求，选用时应给予充分注意；否则，即使性能很好，也不能得到应用。

(5) 选用传感器必须考虑工作环境的要求。由于被测对象所处环境或状态的不同，传感器必须适应这些条件，否则就不能正常地工作。

以上所提到的一些选用原则只是就一般情况而言，在某些特殊情况下还会提出一些特殊的要求，但总的原则是应从实际出发、抓住主要矛盾，进行正确、合理的选择。

1.3.4 传感器的发展趋势

根据国内外科学技术的发展动态，今后传感器主要向数字化、固体化、非接触化、可视化、微型化及各项技术集成化等方向发展。可以相信，随着科学技术的不断发展，必定会出现更多更好的新型传感器，为测量和控制系统提供更丰富的选择。

模型试验的测量内容主要有位移测量、应变测量、裂隙测量等。位移测量已向高精度、传感仪器微型化、遥测及自动化方向发展。对观测要求高的原因还在于要观测岩体和结构面（包括其间充填物）的破坏过程。目前试验中采用电阻式或电感式位移计，由自动测读仪器测读数字。裂隙开裂一般使用高精度的声发射仪，可以准确地测量裂隙开裂的部位；此外，使用内部电阻丝片，也可以测量结构岩体内部的破坏变形和开裂。常见的应变和应力测量目前仍然采用应变片进行，后面将重点介绍应力应变测量的原理以及测量中常见的问题。

1.4 数据采集系统

1.4.1 系统的组成

测量系统包括从被测物理量的交换，直至用数字或图形显示测量结果的各有关仪器、环节的组合整体。测量的任务一般有两项：一项任务是测量参数并显示出来，告诉人们参数的实际变化情况；另一项任务的目的在于对物理过程实现自动控制，即将测量得到的信号直接送入控制装置。测量系统的规模可能相差很大，有人工控制的，也有自动化的。

一种典型的自动数据残联系统是巡回检测系统（或称为多路数据采集系统），它的基本结构如图 3.3 所示。

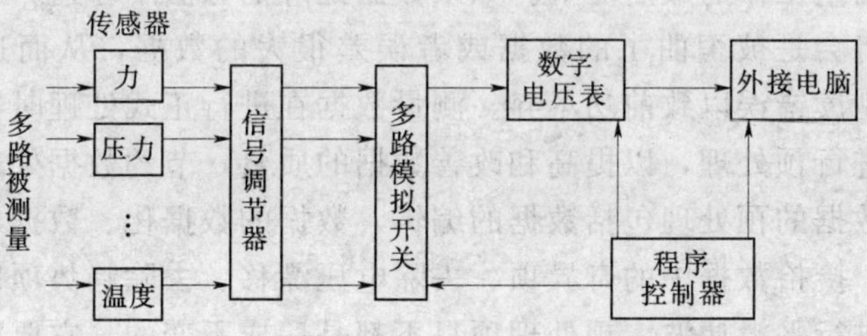

图 3.3　巡回检测系统

当被测量是非电量（如压力、水位和应力等）时，应先由传感器将非电量转换成相应的电信号，经过信号调节器将电信号转换成多路模拟开关能接受的形式进行测量。各个被测点上的输入信号都接至多路模拟开关，使每一个被测量值迅速地、依顺序一个接一个地测量，不断重复。程序控制器控制多路模拟开关的工作，使它按一点的时间间隔将各输入信号送到数字电压表测量其电量。测得的是一点、一点的信号电量数字，输出的数据则以数字形式由电脑记录下来。

通常测量系统仅具有显示和记录被测量的作用，但从广义上讲，测量系统应包括数据采集、记录和处理。

1. 数据的采集

数据采集主要解决由非电量转换为电量的问题，以及多路复用，模拟-数字之间的转换等问题。

2. 数据的记录

测量系统主要是用来测量被测对象的各种物理过程，这种过程可能是快变化的，也可能是慢变化的，变化过程也各不相同。有时测量结果还不是最终的结果，需要经过某些运算。为了保存测量结果，就需要有记录器将测量结果记录和储存下来，以便事后有充裕的时间对这些结果进行分析和处理。目前一般由计算机自动记录后，再进行分析处理。

3. 数据的处理

数据处理包括数据预处理、数据检测和数据分析等。数据处理是测量工作的最后环节。如果数据处理的方法不合适，最后得到的将会是被歪曲了的数据或者误差很大的数据，从而造成分析、判读错误以致前功尽弃。测量数据在进行正式处理时，通常要先进行预处理，以提高和改善数据的质量，节约数据处理的时间。数据的预处理包括数据的编辑、数据的数据化、数据形式的转换、捡拾数据中的奇异项、去除电压漂移、去除趋势项以及对数据进行平滑滤波。预处理项目不都是一成不变的，它要根据具体情况进行取舍。

在进行拱坝试验前除了对模型的制作、仪器布置要进行设计外，也需要根据试验目的和要求对测量系统进行设计，一般的设计步骤如下：

(1) 方案选择，是试验成败的关键。

(2) 对确定的系统进行流程图绘制，确定各环节的误差分配、变化特性和技术参数等，并对系统的整体可靠性进行评估。

(3) 环节的设计及制造，在确定各个试验环节后，就需要对需要的仪器进行配制和特定制作。

(4) 总装调试及试验分析，这是很重要的一步，主要监测整个测量系统的运行情况，要及时发现问题并改正（例如仪器的重新标定）；有时为了满足测试可以对试验进行预压，以测试系统的运行情况。

随着科学技术的发展，由于测量对象大型化、复杂化，因此被测参数种类不断增多，传感器的形式趋于多样化，测量点数急剧增加，测量速度要求随之提高，这就要求测量和数据处理能够快速化和自动化。目前模拟试验的测量已向数字化和自动化方向发展，测量中用的小型电子计算机通常又与计算中心（或管理中心）的中、大型电子计算机联成网络系统，并可通过网络实施数据远程监控，对复杂的数据具有更强的分析和处理能力。数据采集装置也由顺序、程序控制数据采集逐渐转变为模块化、远程遥控控制。

1.4.2　模拟和数字信号的转换

在生产和科学试验所接触到的一些连续变化的物理量都是模拟量，例如压力、温度、水位、流速、流量、速度、力、电压和电流等。

数字量是不连续的，它只能增加一个单位或减少一个单位。在数字电路中，电压或电流不再表示变量的幅值大小，而只有“通”（逻辑“1”）和“断”（逻辑“0”）两种含义，变量的幅值只能用几个“通”或“断”的电压组合来表示。数字量可以串行出现，也可以并行出现，但数字量只能是有限个数。数字技术在数据采集和控制系统中的应用日益广泛。

各种模拟量可以直接或间接地转换成数字量，但是以采用电子技术的转换方法更容易获得满意的结果。对于非电量，先通过传感器转换成电量后进行转换。转换方式不同，转换的速度、精度和抗干扰能力也不同。

模-数转换或数-模转换的目的，在于实现模拟量与数字量之间的转换。

1.4.3　系统连接和抗干扰技术

测量系统的精度主要取决于传感器、测量仪器、测量方法以及被测对象的具体情况（例如环境条件等）。如果测量方法不合理，即使测量仪器的精度很高，测试结果的误差仍然会很大，测量精度并不高。由于某些连接上的疏忽或考虑不周也会引起较大的误差，甚至不能正常工作，因此，正确选择或设置测量系统中各仪器装置（例如传感器、A/D 转换器和记录器）后，如何将它们连接起来就成为影响测量系统成功或失败的一个主要因素。试验现场要对系统接地、屏蔽连接和电源供给等进行精细的考虑和反复的试验。

随着测量系统中信号电压的降低，系统的灵敏度提高，由噪声干扰引起的危害显得越来越突出。这些问题不但会影响系统性能，而且会造成差错，甚至引起事故。因此在测量系统的设计、制造、安装和日常维修中，都需要给以足够的重视。

第2节 应力应变测量

2.1 应变片测量

2.1.1 测量原理

物体在外力作用下，它的尺寸和形状将有改变，即发生变形。在物体变形的同时，物体内部将发生内力。内力是一种分布力，一般来说，各点都不相同。各点内力的集度称为应力。在弹性范围内，如果卸去外力，内力也不再存在，应力和形变也就消失了。

物体变形后，在物体中沿着某一方向的微线段的长度，也将有所改变（伸长或缩短）。这个改变量与原来长度的比值，就称为应变。

受力的弹性体内各点的应力和应变之间，有着一定的关系，即符合或近似符合胡克定律。

对于简单的构件，在简单外力作用下，其变形、内力、应力和应变，都容易求解。但是，在工程中有很多实际的结构或构件，其形状和受力都十分复杂，往往不能用理论解析的方法得到精确的解答。近几十年来，发展了试验应力分析的方法，即用试验的方法测量应变来解决结构或构件的应力分析问题。目前常用的方法有包括机测法、电测法、光测法、模拟法和脆性涂层法等。在这些方法中，电测法是一种基本的、普遍应用的方法。通常，用电测法测量结构某些点的应变时是恰当的，而如要测全貌或其内部情况就不很合适。但是，在力学分析中，往往也只需要某些控制点的应变。

测量应变的目的是为了确定应力的大小和方向，所以除了在材料力学及弹性理论中已推导过的应变、应力一般关系外，还应建立由实测应变表示的应力表达式，以达到简化计算便于应用的目的。结构应力状态有一维应力（简单的拉、压、纯弯、纯扭）、二维应力

（平面应力状态）和三维应力（整体结构应力状态）三种。

对于单向应力状态，当材料在弹性范围内，应力与应变成线性关系，即

$$\sigma = E\varepsilon \tag{3.2}$$

所以，只要测量出应变，即可很方便地求出应力。

1. 平面测量

二维应力状态，这是平面问题的一般情况，根据广义胡克定律有

$$\left.\begin{aligned}\varepsilon_x &= \frac{1}{E}(\sigma_x - \mu\sigma_y)\\ \varepsilon_y &= \frac{1}{E}(\sigma_y - \mu\sigma_x)\\ \gamma_{xy} &= \frac{2(1+\mu)}{E}\tau_{xy}\end{aligned}\right\} \tag{3.3}$$

对于平面应力问题，由式（3.3）可得

$$\left.\begin{aligned}\sigma_x &= \frac{E}{1-\mu^2}(\varepsilon_x + \mu\varepsilon_y)\\ \sigma_y &= \frac{E}{1-\mu^2}(\varepsilon_y + \mu\varepsilon_x)\\ \tau_{xy} &= \frac{E}{2(1+\mu)}\gamma_{xy}\end{aligned}\right\} \tag{3.4}$$

若已知主应变 ε_1、ε_2，式（3.4）可简化为

$$\left.\begin{aligned}\sigma_1 &= \frac{E}{1-\mu^2}(\varepsilon_1 + \mu\varepsilon_2)\\ \sigma_2 &= \frac{E}{1-\mu^2}(\varepsilon_2 + \mu\varepsilon_1)\end{aligned}\right\} \tag{3.5}$$

对于平面应变问题，则得

$$\left.\begin{aligned}\sigma_x &= \frac{(1-\mu)E}{(1+\mu)(1-2\mu)}\left(\varepsilon_x + \frac{\mu}{1-\mu}\varepsilon_y\right)\\ \sigma_y &= \frac{(1-\mu)E}{(1+\mu)(1-2\mu)}\left(\varepsilon_y + \frac{\mu}{1-\mu}\varepsilon_x\right)\\ \tau_{xy} &= \frac{E}{2(1+\mu)}\gamma_{xy}\end{aligned}\right\} \tag{3.6}$$

若已知 ε_1、ε_2，则为

$$\left.\begin{aligned}\sigma_1 &= \frac{(1-\mu)E}{(1+\mu)(1-2\mu)}\left(\varepsilon_1 + \frac{\mu}{1-\mu}\varepsilon_2\right)\\ \sigma_2 &= \frac{(1-\mu)E}{(1+\mu)(1-2\mu)}\left(\varepsilon_2 + \frac{\mu}{1-\mu}\varepsilon_1\right)\end{aligned}\right\} \tag{3.7}$$

在二向应力状态中，应力分量 σ_x、σ_y、τ_{xy} 与主应力 σ_1、σ_2 的关系为

$$\left.\begin{aligned}\sigma_1,\sigma_2 &= \frac{\sigma_x+\sigma_y}{2} \pm \frac{1}{2}\sqrt{(\sigma_x-\sigma_y)^2+4\sigma_{xy}^2}\\ \tan 2\varphi_0 &= \frac{-2\tau_{xy}}{\sigma_x-\sigma_y}\end{aligned}\right\} \tag{3.8}$$

上述式中的 σ_1、σ_2、σ_x、σ_y 均以拉为正，压为负；τ_{xy} 以正面上沿正向为正；φ_0 以反时针为正。

上面几组式子是根据应变分量 ε_x、ε_y 及 γ_{xy} 计算应力分量 σ_x、σ_y、τ_{xy}，或根据主应变 ε_1、ε_2 计算主应力 σ_1、σ_2 的关系式。但是，实际测量中常要根据结构的具体形式和受力状态来布置电阻片，所以，还必须具体讨论。

此外，由于电测法的特点，过去一般只测量单向和二向应力状态的应变。目前有关三向应力状态的测量也经常出现在拱坝的试验中，三维应力的测量一般通过应变花来实现，图 3.4 为某试验中使用的内部应变花贴法。图中将 3 个 3 片 45°应变花分别贴

图 3.4　内部应变花贴法（含 9 片应变片）

在小方体的三面，然后内置于模型内部，其应力计算方法见表 3.2。

表 3.2　　　　不同分布应变花的应力计算公式

应变花型号	主应变和主应力计算公式	σ_1 与 0°的夹角
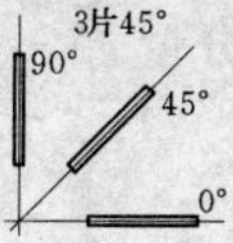	$\varepsilon_2^1=\frac{\varepsilon_{0^\circ}+\varepsilon_{90^\circ}}{2}\pm\frac{1}{2}\sqrt{(\varepsilon_{0^\circ}-\varepsilon_{90^\circ})^2+(2\varepsilon_{45^\circ}-\varepsilon_{0^\circ}-\varepsilon_{90^\circ})^2}$ $\sigma_2^1=\frac{E}{2}\left[\frac{\varepsilon_{0^\circ}+\varepsilon_{90^\circ}}{1-\mu}\pm\frac{1}{1+\mu}\sqrt{(\varepsilon_{0^\circ}-\varepsilon_{90^\circ})^2+(2\varepsilon_{45^\circ}-\varepsilon_{0^\circ}-\varepsilon_{90^\circ})^2}\right]$	$\frac{1}{2}\tan^{-1}\left[\frac{2\varepsilon_{45^\circ}-\varepsilon_{0^\circ}-\varepsilon_{90^\circ}}{\varepsilon_{0^\circ}-\varepsilon_{90^\circ}}\right]$
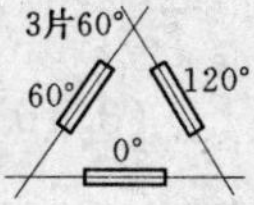	$\varepsilon_2^1=\frac{\varepsilon_{0^\circ}+\varepsilon_{60^\circ}+\varepsilon_{120^\circ}}{3}\pm\sqrt{\left(\varepsilon_{0^\circ}-\frac{\varepsilon_{0^\circ}+\varepsilon_{60^\circ}+\varepsilon_{120^\circ}}{3}\right)^2+\frac{1}{3}(\varepsilon_{60^\circ}-\varepsilon_{120^\circ})^2}$ $\sigma_2^1=E\left[\frac{\varepsilon_{0^\circ}+\varepsilon_{60^\circ}+\varepsilon_{120^\circ}}{3(1-\mu)}\pm\frac{1}{1+\mu}\times\sqrt{\left(\varepsilon_{0^\circ}-\frac{\varepsilon_{0^\circ}+\varepsilon_{60^\circ}+\varepsilon_{120^\circ}}{3}\right)^2+\frac{1}{3}(\varepsilon_{60^\circ}-\varepsilon_{120^\circ})^2}\right]$	$\frac{1}{2}\tan^{-1}\left[\frac{\sqrt{3}(\varepsilon_{60^\circ}-\varepsilon_{120^\circ})}{2\varepsilon_{0^\circ}-\varepsilon_{60^\circ}-\varepsilon_{120^\circ}}\right]$
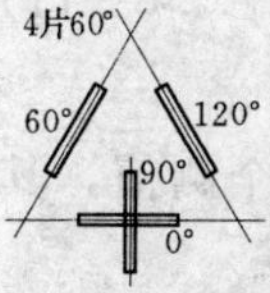	$\varepsilon_2^1=\frac{\varepsilon_{0^\circ}+\varepsilon_{45^\circ}+\varepsilon_{90^\circ}+\varepsilon_{135^\circ}}{2}\pm\frac{1}{2}\sqrt{(\varepsilon_{0^\circ}-\varepsilon_{90^\circ})^2+(\varepsilon_{45^\circ}-\varepsilon_{135^\circ})^2}$ $\sigma_2^1=\frac{E}{2}\left[\frac{\varepsilon_{0^\circ}+\varepsilon_{45^\circ}+\varepsilon_{90^\circ}+\varepsilon_{135^\circ}}{2(1-\mu)}\pm\frac{1}{1+\mu}\sqrt{(\varepsilon_{0^\circ}-\varepsilon_{90^\circ})^2+(\varepsilon_{45^\circ}-\varepsilon_{135^\circ})^2}\right]$	$\frac{1}{2}\tan^{-1}\left[\frac{\varepsilon_{45^\circ}-\varepsilon_{135^\circ}}{\varepsilon_{0^\circ}-\varepsilon_{90^\circ}}\right]$
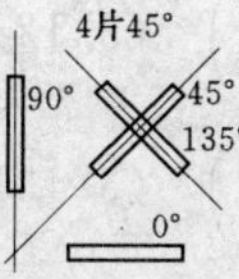	$\varepsilon_2^1=\frac{\varepsilon_{0^\circ}+\varepsilon_{90^\circ}}{2}\pm\frac{1}{2}\sqrt{(\varepsilon_{0^\circ}-\varepsilon_{90^\circ})^2+\frac{4}{3}(\varepsilon_{60^\circ}-\varepsilon_{120^\circ})^2}$ $\sigma_2^1=\frac{E}{2}\left[\frac{\varepsilon_{0^\circ}+\varepsilon_{90^\circ}}{1-\mu}\pm\frac{1}{1+\mu}\sqrt{(\varepsilon_{0^\circ}-\varepsilon_{90^\circ})^2+\frac{4}{3}(\varepsilon_{60^\circ}-\varepsilon_{120^\circ})^2}\right]$	$\frac{1}{2}\tan^{-1}\left[\frac{2(\varepsilon_{60^\circ}-\varepsilon_{120^\circ})}{\sqrt{3}(\varepsilon_{60^\circ}-\varepsilon_{90^\circ})}\right]$

应用电测法测应变的原理，又可制作成压力计、位移计和测力计等其他传感器，用于静、动态的位移、力和压力等参量的测量。

2. 三维应力的测量

结构物三维应力的测量，围绕角点 A' 可以各粘贴一组应变花。然后将正六面体（埋块）恢复到模型相应位置，恢复六面体与模型的整体联系。对模型进行加载测量，即可从 $x-y$ 平面，$y-z$ 平面和 $z-x$ 平面分别测量点 A' 附近的 9 个应变分量。

由 $x-y$ 平面，可以测得

$$\left.\begin{aligned} \varepsilon_x &= \varepsilon_1 \\ \varepsilon_y &= \varepsilon_2 \\ \gamma_{xy} &= [2\varepsilon_{1-2} - (\varepsilon_1 + \varepsilon_2)] \end{aligned}\right\} \tag{3.9}$$

由 $y-z$ 平面，可以测得

$$\left.\begin{aligned} \varepsilon_y &= \varepsilon_3 \\ \varepsilon_z &= \varepsilon_4 \\ \gamma_{yz} &= [2\varepsilon_{3-4} - (\varepsilon_3 + \varepsilon_4)] \end{aligned}\right\} \tag{3.10}$$

由 $z-x$ 平面，可以测得

$$\left.\begin{aligned} \varepsilon_z &= \varepsilon_5 \\ \varepsilon_x &= \varepsilon_6 \\ \gamma_{zx} &= [2\varepsilon_{5-6} - (\varepsilon_5 + \varepsilon_6)] \end{aligned}\right\} \tag{3.11}$$

上述应变分量中，3 个正应变 ε_x、ε_y、ε_z 各有两个测值，其差距甚微，可取其平均值，故实际上为 6 个应变分量。

根据测量的 6 个应变分量可以按下式决定该点的 6 个应力分量：

$$\sigma_x = \frac{E(1-\mu)}{(1+\mu)(1-2\mu)}\left(\varepsilon_x + \frac{\mu}{1-\mu}\varepsilon_y + \frac{\mu}{1-\mu}\varepsilon_z\right) \tag{3.12}$$

$$\sigma_y = \frac{E(1-\mu)}{(1+\mu)(1-2\mu)}\left(\frac{\mu}{1-\mu}\varepsilon_x + \varepsilon_y + \frac{\mu}{1-\mu}\varepsilon_z\right) \tag{3.13}$$

$$\sigma_z = \frac{E(1-\mu)}{(1+\mu)(1-2\mu)}\left(\frac{\mu}{1-\mu}\varepsilon_x + \frac{\mu}{1-\mu}\varepsilon_y + \varepsilon_z\right) \tag{3.14}$$

$$\tau_{xy}=\frac{E}{2(1+\mu)}\gamma_{xy} \tag{3.15}$$

$$\tau_{yz}=\frac{E}{2(1+\mu)}\gamma_{yz} \tag{3.16}$$

$$\tau_{zx}=\frac{E}{2(1+\mu)}\gamma_{zx} \tag{3.17}$$

根据各测点的应力分量，可按表 3.2 中有关公式计算其主应力和主应力方向。

3. 原型应力、位移的计算

根据误差理论分析，对任一指定荷载，应该进行 5 次以上的反复加载测量（包括重新安装支承架等）。在反复加载的情况下，各次测得的读数误差一般应小于 5 个微应变（包括回零读数的修正）。如果不能达到要求，应立即检查原因，采取措施。这些措施包括补片和根据任务的重要性进行重复试验。试验成果一般采用多次测量取读数的算术平均值，测得的应变可以参酌下列情况进行初步鉴定。

（1）为了对一测点的各向应变测量值做检验，可在一点上贴相隔 45°的 4 个应变片，则两个相互垂直片的应变值之和应该等于另一组相互垂直片的应变值之和。

（2）对于断面模型，在无面力的边界上，直角应变片花各片的应变值应该有下列关系：

$$\left.\begin{aligned}\varepsilon_V+\mu\,\varepsilon_H&=0\\(1-\mu)&=2\varepsilon_{45^\circ}\end{aligned}\right\} \tag{3.18}$$

式中：ε_V 和 ε_H 分别为垂直和平行边界的应变片的应变量；ε_{45° 为与边界成 45°夹角的应变片的应变量。

（3）对于断面模型，在只有正向面力（无剪力或摩擦力）的边界上，应该有下列关系：

$$\left.\begin{aligned}P&=\frac{E}{1-\mu^2}(\varepsilon_V+\mu\,\varepsilon_H)\\\varepsilon_V+\varepsilon_H&=2\varepsilon_{45^\circ}\end{aligned}\right\} \tag{3.19}$$

式中：P 为面力，如为压力取负值。

测得的应力可以根据弹性理论和模型相似率换算成原型应力。

对于断面模型（平面应力问题），其原型应力可由下列各式算得：

$$\sigma_x = \frac{E}{1-\mu^2}\alpha_l\alpha_\gamma(\varepsilon_x + \mu\varepsilon_y) \tag{3.20}$$

$$\sigma_y = \frac{E}{1-\mu^2}\alpha_l\alpha_\gamma(\varepsilon_y + \mu\varepsilon_x) \tag{3.21}$$

$$\tau_{xy} = \frac{E}{2(1+\mu)}\alpha_l\alpha_\gamma[2\varepsilon_{xy} - (\varepsilon_x + \varepsilon_y)] \tag{3.22}$$

式中：E 和 μ 分别为模型材料的变形模量和泊松比，应以试验结束后在模型主要部位取出的试件的测试结果为准；α_l 和 α_γ 分别为原型与模型的几何尺寸和测压液体容重的相似比值；ε_x、ε_y 和 ε_{xy} 分别为各测点水平、垂直和 45°的应变量。

上式适用于第一和第三象限应变贴花。若应变贴花在第二和第四象限，则剪应力的符号应相反。

对于整体模型（三维应力问题），其原型的应力可按下列各式换算：

$$\sigma_x = \frac{E}{1+\mu}\alpha_l\alpha_\gamma\left[\varepsilon_x + \frac{\mu}{1-2\mu}(\varepsilon_x + \varepsilon_y + \varepsilon_z)\right] \tag{3.23}$$

$$\sigma_y = \frac{E}{1+\mu}\alpha_l\alpha_\gamma\left[\varepsilon_y + \frac{\mu}{1-2\mu}(\varepsilon_x + \varepsilon_y + \varepsilon_z)\right] \tag{3.24}$$

$$\tau_{xy} = \frac{E}{2(1+\mu)}\alpha_l\alpha_\gamma[2\varepsilon_{xy} - (\varepsilon_x + \varepsilon_y)] \tag{3.25}$$

式中：ε_z 为垂直于坝面（向模型内部）的应变值；其他符号意义同前。

如果只是在模型上、下表面贴片，没有设置内部埋片，亦即没有测得 ε_z 的值，则可认为 z 向的应力 σ_z 即等于面力，则 σ_x 和 σ_y 可按下式计算：

$$\sigma_x = \left[\frac{E}{1-\mu^2}(\varepsilon_x + \mu\varepsilon_y) + \frac{\mu}{1-\mu}P\right]\alpha_l\alpha_\gamma \tag{3.26}$$

$$\sigma_y = \left[\frac{E}{1-\mu^2}(\varepsilon_y + \mu\,\varepsilon_x) + \frac{\mu}{1-\mu}P\right]\alpha_l\alpha_\gamma \tag{3.27}$$

式中：P 为作用在模型表面的面力，如为压力则取负值。

应该注意，稍向模型内部，σ_x 就将小于 P。

由于上述这些公式都是从一点的应力关系得出来的，实际上贴片所反映的是各电阻丝片范围的应变值，因而会存在一定的误差。但是，这种误差对应力较小的部位影响是不大的，而对于应力梯度较大处的影响则较大，其所反映的只是均匀化后的应力情况。

计算出各测点的应力分量后，即可用一般的力学方法计算其主应力和主应力方向。

模型中测得的位移值可根据相似性原理换算成模型值，即

$$\delta_p = \delta_m \alpha_l^2 \alpha_\gamma \frac{1}{\alpha_E} \tag{3.28}$$

当 $\alpha_\varepsilon = 1$ 时（即严格相似），有

$$\delta_p = \delta_m \alpha_l \tag{3.29}$$

式中：δ_p、δ_m 分别为原、模型的变形量。

4. 应力图形的绘制

为了清晰地表示结构的应力（或变形）分布和变化规律，需要将算得的各测点的应力绘制成各种图形。例如，正应力（ε_x、ε_y 和 τ_{xy}）分布图、主应力分布图、主应力轨迹线等主应力线和变形曲线等。绘制这些图形需要有正确的物理概念和一定的工程经验。测点较多时绘制较为方便，测点较少时会有一定的难度。这些曲线一般都是根据实测成果凭经验绘制的。在一些情况下并不是将各测点数值连接起来，成为一条光滑曲线就够了。由于各测点的实测值会有一定的误差，因而绘制一条拟合曲线还是较为合适的。

绘制试验曲线时，一方面，必须光滑、均匀、连续；另一方面，还应保证试验曲线与实际测量值的偏差平方和最小。为了达到上述目的，应对测量值进行匀修。匀修可以采用图解法，先绘

制试验曲线，然后再根据曲线匀修。图解匀修的原则是：曲线必须经过尽可能多的数据点，留在曲线以外的数据点应尽可能地靠近曲线，同时保持曲线两侧数据点的数目大致相同。计算匀修是根据最小二乘法原理，即根据“使偏差平方和最小”这个条件进行匀修计算，然后再绘制光滑曲线。目前有很多计算程序能很方便地对试验数据进行处理，如 Tecplot、Excel 等。

2.1.2　电阻应变片的工作原理

电阻片的品种很多，总的来讲，按其构造、制造及材料可分为丝栅式、箔片式和半导体式三类。

(1) 丝栅式是用直径 0.02～0.04mm 的合金丝回绕成栅状，然后用胶水把它固定在两层绝缘材料之间，电阻丝的两端用较粗（0.1～0.2mm）的引线引出，供焊接导线。在丝栅中还有一种改进的形式称为短接式，它是在合金丝圆头处代之以较粗的直线，以减小由圆角部分所带来的横向效应的影响，是一种较好的形式。

(2) 箔片式是用厚度小于 0.02mm 的镍铜等箔片采用光刻腐蚀技术制成各种形式的电阻片。它的主要优点是：横向效应小，阻值 R 及灵敏系数 K 比较稳定；易于制成小标距及各种形式的应变花；栅平扁而薄，因而粘贴面积大，粘贴容易牢固，减小了材料时的零点漂移；而且散热条件好，允许通入较大的电流，提高了测量的灵敏度。

(3) 半导体式是利用半导体材料（锗和硅等）的压阻效应制成的。这种电阻片，机械滞后、横向效应亦小，可制成各种体积小、输出大的传感器。缺点是温度敏感性强，不易稳定，而且温度与电阻改变率之间是非线性关系。

最常见的电阻片是用合金细丝绕成丝栅状，黏夹在绝缘材料中。当电阻片粘贴在结构表面时，随着结构的变形，电阻丝的几何尺寸也发生变化，这种变化将引起电阻丝阻值的改变。

从物理学知道，电阻丝的电阻 R 与丝的长度 l，丝的截面积及丝的电阻系数 ρ 之间的关系如下：

$$R = \rho \frac{l}{S} \tag{3.30}$$

在受力并产生变形时，电阻丝的长度、截面积和电阻系数等都将发生变化。其有限增量的关系为

$$\frac{\Delta R}{R} = \frac{\Delta \rho}{\rho} + \frac{\Delta l}{l} - \frac{\Delta S}{S} \tag{3.31}$$

对于各向同性材料，当电阻丝伸长（或缩短）时，其直径改变率与长度改变率间的关系如下：

$$\frac{\Delta D}{D} = \mu \frac{\Delta l}{l} = \mu s \tag{3.32}$$

式中：μ 为比例系数，$\mu=2$。

而当电阻丝伸长变细后，电阻丝面积的改变率为

$$\frac{\Delta S}{S} = \frac{\frac{\pi}{4}(D-\Delta D)^2 - \frac{\pi}{4}D^2}{\frac{\pi}{4}D^2} = -2\frac{\Delta D}{D} + \left(\frac{\Delta D}{D}\right)^2 = -2\mu\varepsilon + (\mu\varepsilon)^2 \tag{3.33}$$

将上述这些关系代入式（3.31），并略去高阶微量后得

$$\frac{\Delta R}{R} = \frac{\Delta \rho}{\rho} + \varepsilon + 2\mu\varepsilon = \frac{\Delta \rho}{\rho} + (1+2\mu)\varepsilon = \left[\frac{\Delta \rho}{\rho\varepsilon} + (1+2\mu)\right]\varepsilon \tag{3.34}$$

令
$$K = \frac{\Delta \rho}{\rho\varepsilon} + (1+2\mu)$$

则式（3.34）可写为

$$\frac{\Delta R}{R} = K\varepsilon \tag{3.35}$$

式（3.35）表示，电阻丝的电阻改变率是其应变的 K 倍，因此，K 又称为电阻丝的灵敏系数，亦可称为电阻片的灵敏系数。对于普通合金丝，μ 是一个常数，而 $\Delta\rho/\rho\varepsilon$ 对于多数合金在弹性范围内也是一个常数，所以 K 是一个常数，它仅与电阻丝的材料有关，一般约为 1.9～2.6。

常用电阻片是制成丝栅状，使用时粘贴在结构选定的部位，

并保证它与结构共同变形。由于 K 及 R 是已知的，故只要测出 ε 所引起的 ΔR，即可确定被测点的应变。

2.1.3 影响电阻片的非工作因素

电阻片的工作原理是：随着被测构件的变形而产生应变，从而引起其电阻值的改变。但是，引起电阻的变化不仅仅是应变，其他如温度、湿度和压力的改变以及横向效应等也都会引起电阻的变化，且这种电阻的变化与应变引起的电阻的变化将同时被测量出来，即材料值中包含了非工作因素引起的电阻的变化。因此，必须设法消除这些非工作因素的影响，或估算它们的影响程度，对测量结果予以修正，方可作为试验测量数据。下面介绍几种主要的非工作因素及其修正的方法。

1. 温度的影响

温度的变化不仅引起电阻片丝栅（或箔栅）伸缩，使电阻值发生变化，并且当被测检材料与电阻片材料的线性膨胀系数不同时，也将引起电阻值的改变。在实验测量过程中，必须采取有效的补偿措施来消除这种影响。

2. 湿度的影响

如果实验是在阴雨或潮湿的环境中进行，防潮措施必须可靠，否则，湿度对电阻片的影响也很大。湿度对电阻片的影响具体包括以下三个方面：

1）粘贴胶水吸潮后，软化膨胀，黏结力下降，使电阻片与构件不能形成整体变形，所以不能准确稳定地传递应变；情况严重时，电阻片与构件产生相对滑移，造成仪器指针漂移。

2）胶水吸潮后，绝缘电阻下降，尤其是纸基电阻片受潮后，会引起介质导电常数的改变，从而改变了分布电容。如果工作电阻片与补偿片的电容发生的变化不同，则造成电容不平衡，仪器灵敏度显著下降，不仅测量值不准，甚至无法工作。

3）胶层吸水膨胀后，迫使电阻片伸长，产生附加电阻变化，影响测量精度。此外，当电阻片工作时有电流通过使电阻片发热并驱散潮气；在水分蒸发过程中，胶层又收缩，电阻片也随之缩短而改变电阻。这种反复将使指针漂移而不能稳定，因而无法取得可靠的测量数据，或无法进行测量。

可见，湿度对电阻片的影响是复杂的，亦无法用补偿法原理完全消除，它涉及电阻片质量、胶水性能、被测构件材料和工作环境等许多因素。目前，比较实用的方法是采取可靠的防潮措施。

3. 压力的影响

如果电阻片的表面直接受到压力（例如水压、土压和气压）作用，这时电阻丝受压变细，电阻值改变。在换算应力时应考虑这种影响，这种压力的影响在正常压力下工作时可不考虑，但在深水、高压下工作，则必须采取措施或对测量值进行修正。

4. 横向效应的影响

对于丝栅式电阻片，栅的端部是半圆形的，当电阻片随构件变形时，纵向直线部分的伸缩引起电阻变化，这是测量需要的真值。但同时，横向圆头部分也缩短或伸长，其对应的电阻变化是不需要的。因此，应采取有效措施或对测量值进行修正，减小横向效应的影响。

5. 其他因素的影响

如果试验时间过长，（例如半年以上），由于胶水老化，合金丝的蠕变，也将引起电阻的变化。在重复荷载作用下，电阻片及胶层还会出现疲劳现象，降低黏结强度，甚至发生焊接点或引线的疲劳破坏而断路。此外，在进行水工建筑物原型试验时，应用长导线进行测量，这时导线电阻与电阻片电阻串联在一起，而且分布电容也改变。

2.1.4　应变计的粘贴技术

应变计的粘贴质量直接影响应变测量精度。应变计的粘贴工序主要包括以下几部分：应变计的检查与筛选，试件表面处理，应变计的粘贴、固化，导线的焊接与固定，以及防潮处理和质量检查等。每道工序均需严格操作，才能保证质量。

（1）应变计的选择：根据应力测试和传感器精度要求，对照应变计系列表，选择相应的应变计。

（2）应变片黏结胶选择：根据所选应变计系列，选择相应的黏结胶。

（3）试件表面处理：一般采用细砂纸（布）对构件或弹性体粘贴面进行交叉打磨，使试件表面呈细密、均匀粗糙毛面，其面积要大于应变计的面积。如有条件可采用喷砂处理。严禁划伤表面。

（4）清洗：打磨后的表面采用纯度较高的无水乙醇、丙醇和三氯乙烯等有机溶剂反复清洗，确保贴片部位清洁干净。

（5）贴片、固化：粘贴位置确定后，取适量胶液均匀涂刷在被粘处表面，将应变计表面用无水乙醇棉球擦洗干净，晾干后涂一薄层胶液，待胶液变稠后，将应变计准确粘贴在试件表面，其上盖一层聚四氟乙烯薄膜，用手指顺着应变计的轴向挤出多余胶液，并排出胶层中的气泡。注意，在整个操作过程中都不能用手触摸应变计的两表面。再在聚四氟乙烯薄膜上盖上耐温硅橡胶板，并施加一定压力，按应变计黏结胶使用说明书提供的温度、时间和压力进行固化及稳定化处理。

（6）粘贴质量检查：应检查贴片位置是否准确，粘贴层是否有气泡和杂质，敏感栅有无断栅和变形。应注意应变计粘贴前后电阻值的变化，绝缘电阻等是否符合要求等。

（7）应变计的防护：为防止粘贴好的应变计受潮和腐蚀物质的侵蚀，并防止机械损伤，对应变计应采取一定的保护措施。对防护层主要的要求是：防潮性能好，有良好的黏着力，无腐蚀作用等。

2.2　应力应变测量中的常见问题

2.2.1　导线长度的影响和修正

在模型或原型的静态应变测量中，电阻片是通过导线连接在仪器电桥上的，特别是在原型测量中，导线是相当长的，即使在模型试验中，20～30m 长的导线也是常见的。由于导线本身具有电阻和分布电容，同时，如果电阻片很多，导线的数量也很多，这些都将给测量带来影响。当导线电阻不大时，对测量的影响是很小的，没有必要进行修正；只有当导线电阻很大（即导线很细或很长）时才需要修正。通常对一般线径的导线，30m 以内可以不予以修正。

至于导线电容的影响，由于导线本身具有一定的分布电容，若工作片和补偿片导线的分布电容一样时，仍可满足电容平衡条件。但是，导线的电容不仅取决于导线的长度，而且与导线的设置位置、伸直与否及外表的干湿程度都有关，故在测量中一般不仅要使导线长度一样，而且导线要固定好，使之位置不变动和不受潮。此外，由于仪器中的载波频率较高（约为 2000Hz），当干扰波的频率较高时，则宜用屏蔽线，以保证导线分布电容的稳定。

2.2.2　多点测量

电阻应变仪无论在半桥或全桥使用时，实际上只能测量一个"点"，即只能测量出一个应变值。而在实际测量中，往往要同时测量几个、几十个甚至几百个点（指在同一负载作用下），这就是多点测量问题。

在静态多点测量中，为解决这个问题，通常使用预调平衡箱（例如 P20R—1）来解决测点频繁接换引起的测量误差问题。

在多点测量中，工作片当然很多，补偿片从理论上来说最好一一对应。但是，为了节省补偿片和导线及其相应的工作量，可以采用公共补偿法，即几个工作片用一个补偿片。通常，公共补偿有以下两种方法。

1. 公共补偿

公共补偿即几片工作片共用一片补偿片。如图 3.5 所示，均处于半桥工作的 4 片工作片分别接在预调平衡箱的 1～4 点的 *AB* 柱上，而将一片补偿片接在预调箱任一点的 *BC* 柱上，4 个点的 *C* 柱又用粗导线或金属片（电阻很小）连接。因而，不论 4 片工作片中哪一片工作时，补偿片都起作用。这里所要求的条件是 4 个工作片和补偿片的规格、阻值一样（差值不超过 0.3Ω），

K值也一样。这样的公共补偿法，从理论上来说，一个补偿片可以补偿无数多工作片，但事实上不可能。原因是工作片是轮流工作的，补偿片却一直工作，故在通电后引起的温度变化不一样。工作片与补偿片温差过大，则不能调平或会引起指针漂移。通常，在工作片为2～3片时可使用这种方法。

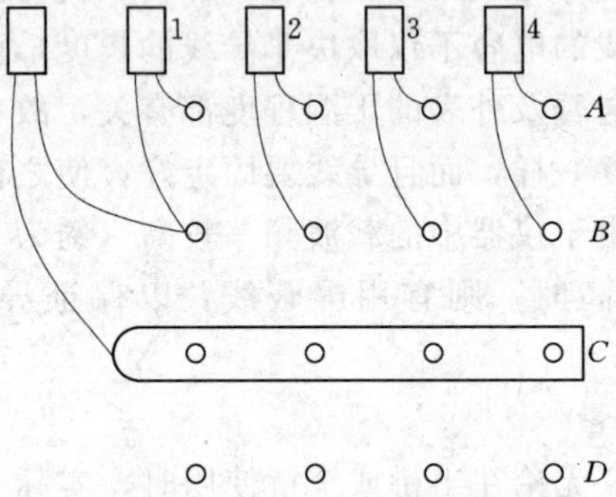

图3.5　几片工作片用一片公共补偿片

2. 交叉补偿或插花补偿

交叉补偿或插花补偿，这在点数较多时特别适用。例如，有20个工作片，用5个补偿片插花，即将1、6、11、16用补偿片1作公共补偿；2、7、12、17用补偿片2作公共补偿。工作时对前五点，五个补偿片分别一一补偿1～5五个工作片，对第6～10点，五个补偿片又循环使用一次，以次类推。显然其效果与一一对应补偿一样。这种方法的要求是进行公共补偿的同组工作片需和相对应的那个补偿片的阻值、规格和K值都要一样。

2.2.3　刚化的影响

刚化影响是应变测量中的一个特殊问题。由于电阻片和贴片胶水本身都有一定的刚度，如果被测件材料的刚度远小于贴片胶水的刚度，那么，试件的变形就不能全部传递到电阻片上，即不能共同变形，因而电阻片测量出来的应变值并不是该点应变的真值，并小于真值，这就是所谓局部刚化影响。应变真值ε与实际

测量值 ε_0 的比值称为刚化系数 G，即

$$G=\frac{\varepsilon}{\varepsilon_0} \tag{3.36}$$

由于刚化的影响，因此需要对实测应变值 ε_0 加以修正，即乘以刚化系数 G，才能得到应变真值 ε。显然，问题是如何确定 G。一般，G 的测定可以采用这样的方法：用于被测件相同的材料做成典型试件，在这个试件上贴片，并使之与胶水的规格及贴片工艺完全相同，所测得的应变为 ε_0，再用不贴片即不涉及局部刚化的办法测出该点的 ε。由于是典型试件，测定是可能的。上述两者的比值即为 G。而这个数值可推广于相同材料做成的一切被测件。

2.2.4　结构内部的应变测量

一般来说，电阻片只能贴在结构的表面进行平面问题的测量。但对于实体结构，有时需要测量其内部应力。特别是对某些结构物进行三维应力分析时，往往由于几何形状和边界条件的复杂性，无法准确地用理论分析计算的方法进行，而常常需要借助于试验。应用“内部埋块”的方法，可以解决内部三维应变测量问题。

内部埋块的关键之一，是需要保证埋块与整体在这点具有完全协调一致的变形。因而，不仅要求埋块尺寸尽量地小，材料也必须与结构完全相同，构成统一的物理场。最好的方法是：从结构中施测部位取出很小的块体，贴片焊线后，再埋放回去，并加以黏结。

黏结材料直接影响应力传递，这又是一个关键所在，最好是用与结构和埋件同样的材料，如这种材料本身黏结性能不强，则也可改用 E、μ 相同的其他黏结材料。这样，并不影响应力传递，从而保证了应力场的统一。

埋块通常是很小的，又要在其三对面上贴片，除要求电阻片很小外，对贴片工艺的要求也相当高，防护处理也要很精密地进行，防护层还要考虑到不影响应力的传递。

埋块往往是用于解决三维问题，因此，对试验数据应按三维问题进行分析计算。

2.2.5 动应变的测量

前已述及，动应变是随时间而变化的参数，在动应变的测量中要解决变化规律、频率和应变幅度（即应变大小）三个问题，这些都综合反映于记录下来的波形曲线中。

动应变也是动态试验中所得到的动力反应之一，故其波形曲线与其他动力反应的波形曲线具有同样的特性。其波形可能是正弦简谐波、不规则周期波或随机波。

对于简谐波来说，可以直接确定其频率和应变振幅。例如，简单构件的强迫振动，其动应变的波形曲线就是正弦波。而对于不规则周期波和随机波，则需要进行频谱分析，才能确定其中各谐波分量的频率和应变幅度。

至于动应变大小的确定，则是通过动态应变仪中的“标定”来进行的。动态应变仪中的每一个档的标定，其大小都代表一个固定的应变量。各级标定的大小均可予以记录。要注意：“标定”与“测量”应在仪器相同的放大倍率下进行，因而据此可测量出动应变的大小。在实际结构模型试验中，有特殊意义的往往是某一频率的最大应变，它必然是处于波形曲线的波峰或波谷处。

动应变测量中的其他问题，与静应变测量相同，亦可用相同或类似的办法加以处理和解决。如果是用数据处理机直接进行分析计算，还应按数据处理机的要求进行。

2.3 光纤测量

2.3.1 概述

光纤测量最重要的技术是光纤传感技术。光纤传感器技术是伴随着通信技术的发展而逐步形成的。在光通信系统中，光纤被用作远距离传播光波信号的媒质，显然，在这类应用中，光纤传播的光信号受外界干扰越小越好。但在实际中，光纤易受外界环境因素的影响，例如，温度、压力和电磁场等外界条件的变化，将引起光纤光波参数如光强、相位、频率、偏振和波长等的变化。因此，人们发现如果能测出光波参数的变化，即可知道导致光波参数变化的各种物理量的大小，于是产生了光纤传感技术。光纤传感技术广泛应用于大坝工程，包括结构损伤评估，裂缝、应力和应变检测，以及温度、弯曲和变形检测等。

光纤传感器与传统的各类传感器相比具有一系列独特的优点，例如灵敏度高、抗电磁干扰、电绝缘性好、耐腐蚀、防爆、光路有可绕曲性、便于遥测与控制、结构简单、体积小、重量轻和耗电少等，因而得到广泛应用。目前，光纤测量技术在土木工程、航空航天、船舶运输、电力工业、石油化工、医学和核工业等领域有着非常广泛的应用。

按调制的光波参数不同，光纤传感器可分为强度调制光纤传感器、相位调制光纤传感器、频率调制光纤传感器、偏振调制光纤传感器和波长（颜色）调制光纤传感器。在光纤中传播的光波可以如下形式的方程来描述：

$$E = \cos(\omega t + \phi) \tag{3.37}$$

式中：E 为光波的振幅；ω 为频率；ϕ 为初相角。

按被测对象的不同，光纤传感器又可分为光纤温度传感器、光纤位移传感器、光纤浓度传感器、光纤电流传感器和光纤流速传感器等。光纤传感器可以测量的物理量很多，已达 70 余种。然而，无论测量哪种物理量，其工作原理无非是用被测量的变化调制传输光光波的某一参数，使其随之变化，然后对已调制的光信号进行检测，从而得到被测量。

国际上光纤传感器的研发始于 20 世纪 70 年代，几乎与光纤通信技术发展同步。国内从 20 世纪 80 年代开始研发光纤传感器。近几年来，光纤测量技术在岩土工程领域也得到越来越广泛的应用。就桥梁、大坝、隧道、高层建筑和公路路面等工程结构的安全维护而言，力学量的监测至关重要。光纤传感器既可以附着在工程结构的表面，也可以埋设在结构内部，监视其运行过程、缺陷的形成和发展。此外，多个 Bragg 光栅型的光纤传感器还可以串接成网络，对结构进行分布式测量，因而可以得到结构内部位移场、应力场、应变场和温度场分布随时间的变化情况，而且，传感信号可以传输很长距离与中心监控室实现遥测。

2.3.2　常用光纤传感器及其原理

光纤测量通过光缆传输信号，所有的光纤都是由绝缘材料做成的，因此，可以避免电磁、无线电和雷击的干扰，在高温条件下也可使用。光纤的另一个优点就是传输的信号衰减很小。一般情况下，信号损失约为0.2dB/km，这就意味着有90%以上的光信号能够传输到1km以外的光缆另一端。对于Fabry－Pérot空腔型和Bragg光栅型干涉测量法传感器，测量质量不受这个衰减量的影响，因此，可以使用较长的光缆。关于光信号在光纤中的传输原理和光纤的有关知识已有许多文献作了阐述。

1. 强度调制型光纤传感器

强度光纤传感器的基本原理是利用外界信号（被测量）的扰动改变光纤中光（宽谱光或特定波长的光）的强制（即调制），再通过测量输出光强的变化（调解）实现对外界信号的测量。

强度强制的特点是简单、可靠、经济。强度调制方式很多，大致可分为以下几种：反射式强度强制、光模式微弯损耗强度调制以及折射率和吸收系数强度强制等。

2. 相位调制型光纤传感器

利用外界因素改变光纤中光波的相位，通过检测相位变化来测量物理量的传感器，称为相位调制光纤传感器。

光纤中光波的相位由光纤波导的物理长度、折射率及其分布以及波导横向几何尺寸所决定。一般说来，压力、张力和温度等外界物理量能直接改变上述三个波导参数，产生相应变化，实现光波的相位调制。由于目前所用的各类光探测器都不直接感知光波相位的变化，只能探测光的强度信号，所以需要采用干涉技术将相位变化转换为强度变化，才能实现对外界物理量的检测。因而，相位调制光纤传感器主要有两个技术问题：一个问题是实现光波相位调制的物理效应；另一个问题是构成检测相位变化的光纤干涉仪。

在相位调制传感器上通常采用的物理效应包括应力应变效应、光电效应、磁致伸缩效应、声光效应、光质变效应和萨格纳克效应等。最常用的干涉仪包括马赫-泽德尔干涉仪、发布利-泊罗干涉仪和萨格纳克干涉仪等。

3. 偏振调制型光纤传感器

偏振调制，是指外界信号（被测量）通过一定的方式使光纤中光波的偏振面发生规律性偏转（旋光）或产生双折射，从而导致光的偏振特性变化。通过检测光偏振态的变化，即可测出外界被测量。

4. 波长调制型光纤传感器

外界信号（被测量）通过选频和滤波等方式改变光纤中传输光的波长，测量波长变化即可检测到被测量，这类调制方式称为光波长调制。波长调制光纤传感器主要是利用传感探头的光频谱特性随外界物理量变化的性质来实现的。这类传感器多为非功能型传感器。

5. 分布式光纤传感器

前述 4 种调制类型测量对象都是单个被测点。但有一些被测对象往往不是一个点，而是呈一定空间分布的场，如温度场或应力场等，为了获得这一类被测对象的比较完整的信息，需要采用分布调制的光纤传感系统。所谓分布调制，是指外界信号场（被测场）以一定的空间分布方式对光纤中的光波进行调制，在一定的测量域中形成调制信号谱带，通过检测调制信号谱带，即可测量出外界信号场的大小及空间分布。图 3.6 所示为 Fabry - Perot 光纤应变传感器示意图。

2.3.3　结构试验中的光纤测量现状

尽管光纤测量已广泛应用于桥梁和其他结构的测量中，如图 3.7 所示为测量混凝土结构开裂的位移光纤传感器，但在拱坝的试验中目前尚未广泛应用。

目前，应用光纤传感器最多的领域当数桥梁的安全监测。加拿大卡尔加里附近的 Beddington Trail 大桥是最早使用光纤光栅传感器测量的桥梁之一（1993 年），16 个光纤光栅传感器贴在

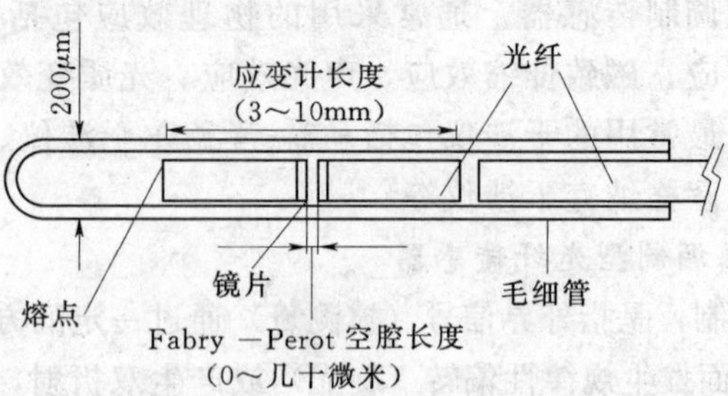

图 3.6　Fabry - Perot 光纤应变传感器示意图

图 3.7　位移光纤传感器

预应力混凝土钢筋和碳纤维复合材料筋上，对桥梁结构进行长期监测。这在以前被认为是不可能的。

1999 年夏，在美国新墨西哥 Las Cruces 10 号州际高速公路的一座钢结构桥梁上，安装了 120 个光栅传感器，创造了当时在一座桥梁上使用光栅传感器最多的纪录。这座桥梁于 1970 年建成，现在已经出现了许多疲劳裂纹。这套光纤传感系统不仅可以对标准车辆进行探测和计数，而且可以测量车辆的速度和重量。有了这个系统，即可监测动态荷载引起的结构响应、退化和损坏，了解桥梁对交通响应的长期变化。德国德累斯顿附近 A4 高速公路上有一座跨度为 72m 的预应力混凝土桥，德累斯顿大学的 Meissner 等人将 Bragg 光栅埋入桥的混凝土棱柱中，测量荷载作用下的基本线性响应，并且用常规的应变仪作了对比试验，证实了光纤光栅传感器的应用可行性。长江水利水电科学研究院大坝安全监测研究所已经成功地将 Fabry - Pérot 光纤渗压计应用于长江堤防的渗压监测，取得了较好的效果。此外，还对分布式光纤传感器应用于长江堤防的集中渗漏监测方面的理论和方法进行了研究。

从目前国外大量的工程应用实例来看，光纤传感器几乎可以在所有场合取代岩土工程领域传统的测试技术，从技术角度讲，它几乎能够克服传统岩土工程测试方法的所有缺点。目前，国内较少使用光纤测试技术的原因主要在于光纤测试仪器价格昂贵，仅一个光纤应变计就需要约 300 元人民币，一套多通道的读数仪则需要几十万元人民币，这限制了光纤测试技术在岩土工程领域的推广应用。随着国产化技术的日益成熟，生产厂家的增多，光纤测试设备的价格将会越来越低，光纤测试技术取代传统的岩土工程测试技术只是时间问题，这也是大势所趋。

2.3.4　位移测量

过去最常用的位移测量设备是机械式千分表。它的优点是：性能稳定可靠，不受温度、湿度的干扰，其准确度可以达到表本身所率定的精度。但是，由于使用千分表时主要应保证千分表的支架固定，触点不发生移动。一旦需要较多测量时，模型上不易布置，因此，目前在高拱坝地质力学模型中一般采用具有微型、轻质、灵敏度高、稳定性好等特点的电测位移计或多点位移传感器，例如基康 A 系列多点位移传感器（见图 3.8）。

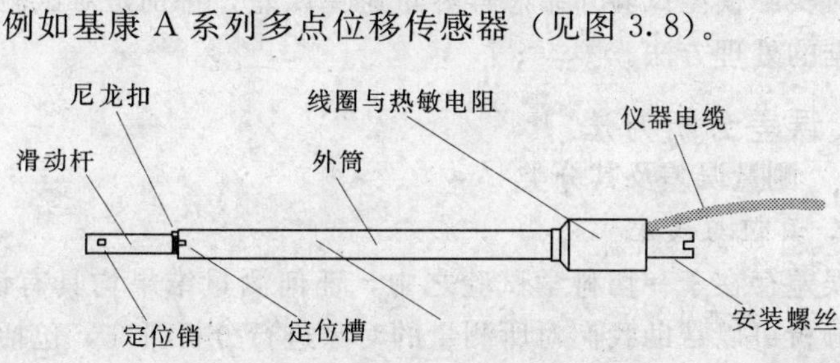

图 3.8　基康 A 系列多点位移传感器示意图

目前比较广泛采用的是电阻式微型电测位移计，如图 3.8 所示。这种位移计的基底采用弹性性能较好的磷铜片。工作和补偿用的电阻应变片用 101 胶水粘在磷铜片基底上、下侧同一位置上。并在其表面采用石蜡加凡士林等涂料密封，用于防潮和隔温，以提高其稳定性。这种位移计的引出线接于电阻应变仪上。应预先在千分表率定架上通过与标准千分表对比，得出位移计的电阻值与位移值的间接关系的标定曲线。因而其灵敏度与千分表相近，但测量位移的幅度可以大于千分表的幅度。在使用时，与千分表同样重要的是固定位移计的支杆，应使位移计能稳定地固定在支架上。当然，支杆和支承架的形状和形式可视需要任意改变。

第 3 节　模型试验误差分析

拱坝模型试验的目的，是将原型结构按照一定的比例尺缩小成一个模型，根据观测和测量的变形、应力变化规律，推算出原型的变形、应力变化规律。尽管我们在模型制作过程中采用严格的相似比，但模型上的力学现象相对于原型说来仍然是近似的，两者不可能完全相似，所以在模型的相似制作方面存在一定的误差；此外，仪器测量的精度和加载误差也可能对结果产生误差。本节将结合拱坝的模型试验，首先介绍误差分析的理论方法，然后针对实际模型试验介绍怎样尽量避免误差，特别是对试验测出的数据的处理方法。

3.1　误差分析方法

3.1.1　测量误差及其分类

1. 真值与误差

误差存在于一切科学试验之中，任何测量结果均具有误差。误差分析可以帮助我们对所测量的对象进行分析研究，包括选择适当的测量方法，合理地选择和设计传感器、仪器和测量系统，分析测量时产生误差的原因和性质，对所测数据给予合理的解释，估计所测结果的可靠程度。

测量的最终目的是求得被测量的真值，即被测量本身所具有的真实大小。在不同的时间和空间，被测量具有不同的真值。误差理论指出：对于等精度测量，在排除了系统误差的前提下，当测量次数为无限多时，测量结果的算术平均值近于真值，因而可将它视为被测量的真值。这种在测量次数为无限多时得到的算术平均值，就是被测量的统计平均值或数学期望值。通常，测量次数是有限的，故按有限测量次数得到的算术平均值致使统计平均值的近似值。由于系统误差不可能完全排除，故通常只能将更高一级的标准仪器所测得的值当作“真值”。为了避免它并非是真正的“真值”，就将这个当作“真值”的值称为实际值。测量器具读数装置所指示出来的被测量的数值称为示值或指示值。测量结果 M 与被测量真值 T 之间的差值称为绝对误差 Δ，即

$$\Delta = M - T \tag{3.38}$$

由于测量误差总是不可避免，即不可能测出被测量的真值，故式（3.38）中的真值常以实际值来代替。

绝对误差是以被测量的单位表示的误差。它是一个绝对量（有单位），为了更好地比较测量精度，引入相对误差的概念。相对误差 R 是绝对误差 Δ 与被测量的实际值、示值或满刻度值 X 的比值（无单位），可用百分数表示。

$$R = \frac{\Delta}{X} \tag{3.39}$$

在一台仪表的整个测量范围内，相对误差不是一个定值，它随被测量 X 的大小而改变。为了对同样量程的传感器和仪表比较测量精度，制造厂对所制造的传感器和仪表，以一系列标准百分比数值表示的精度等级进行分档。这个数值通常是传感器和仪表在规定条件下，最大绝对允许误差值相对于测量范围的百分数。因而，对于某一精度等级的传感器或仪表，在实际使用中，必须不时地根据被测量的大小，改变测量量程的大小，以达到测量精度。

2. 误差分类

在测量过程中所产生的误差，按其性质分为三大类，即系统误差、随机误差和粗大误差。

系统误差是指误差的数值固定或按一定的规律变化的误差；随机误差又称为偶然误差，在重复测量中由于大量偶然因素的影响，测量误差的出现没有一定的规律，其数字和大小不固定；粗大误差又称为疏失误差，由于读数错误、记录错误、操作不正确、测量过程中的失误以及计算错误等会明显地歪曲测量结果，就数值大小而言，粗大误差一般远远超过同一客观条件下的系统误差或随机误差。

3.1.2 随机误差

1. 正态分布随机误差的统计特性

进行模型试验时，由于自然环境随时随刻在变化，以及传感器和仪器以及它们与其他设备之间相互影响等许多因素综合作用，使在测量过程中，即使在相同的条件下重复地测量，所得的数据之间仍存在微小的差异。对于每一次测量值，误差的大小和符号都无法预测，具有随机性，但它们的概率分布却服从一定的统计规律。测量中大多数的随机误差服从正态分布。正态分布曲线如图 3.9 所示。数学表达式为

$$p(\delta)=\frac{1}{\sigma\sqrt{2\pi}}e^{\frac{\delta^2}{2\sigma^2}} \tag{3.40}$$

式中：$p(\delta)$ 为随机密度曲线；δ 为随机误差；σ 为随机误差的标准误差。

正态分布曲线具有以下几个特点：

（1）单峰性：正态分布只有一个峰值，出现于纵轴上。

（2）对称性：分布曲线与纵轴对称，所以绝对值相等的正误差和负误差出现的概率相等。

（3）补偿性：由于分布曲线的对称性，在同样条件下，对同一量的测量，当测量次数趋于无穷大时，各个误差的代数和将趋向于零。

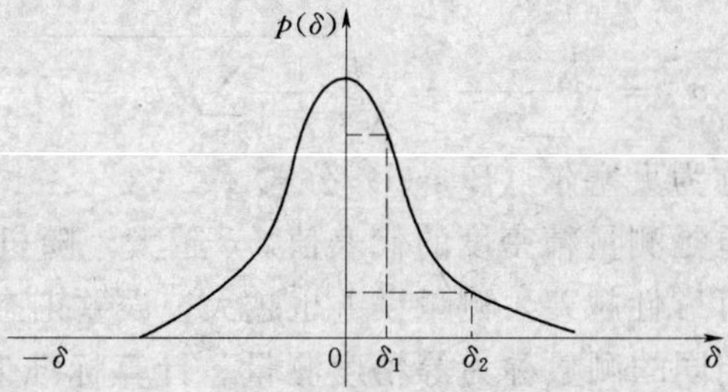

图 3.9　误差正态分布曲线

(4) 有限性：在一定测量条件下，误差的绝对值实际上不会超过一定范围，因为绝对值很大的误差出现的概率接近于零。

2. 标准误差

标准误差又称为方根误差，主要用来表示测量的分散性。设系统误差忽略不计，随机误差服从正态分布，在进行一系列测量时，得测量值为 x_1、x_2、…、x_n。显然，由于误差的存在，各 x 值不会一致，其数学期望的近似值 $\overline{x}$ 为

$$\overline{x} = \frac{\sum_{i=1}^{n} x_i}{n} \tag{3.41}$$

剩余误差为

$$\delta_i = x_i - \overline{x}$$

标准误差 σ 定义为

$$\sigma_{n \to \infty} = \sqrt{\frac{\sum_{i=1}^{n} d_i^2}{n}} \tag{3.42}$$

式中：d_i 为测量所得值与被测量的真值之差。即真误差。

从式 (3.42) 可见，大误差值经过平方后，就得到明显的反映，能将测量危害大的大误差反映出来。

当测量次数是有限次及用测量结果的算术平均值来代替真值时，根据误差理论可推导出：

$$\underset{n\to\infty}{\sigma}=\sqrt{\frac{\sum_{i=1}^{n}d_i^2}{n}}=\sqrt{\frac{1}{n-1}\sum_{i=1}^{n}(x_i-\overline{x})^2} \tag{3.43}$$

式（3.43）称为贝塞尔（Bessel）公式。

标准误差是测量精密度的代表值。σ越大，随机误差的极限范围越大，可靠性越差，测量误差也越大，误差正态分布曲线越平坦。凡σ相同的测量称为等精度测量。计算标准误差σ，不仅可由此知道该测量列的精度，以及用来检验测量列中是否存在粗大误差或系统误差，而且还可据此求出测量结果的精度，即算术平均值的精度。

3.2 模型试验中误差分析

3.2.1 模型制作的误差

尽管我们在选择模拟材料时尽可能保证相似比精确，但仍然存在误差。例如，用石膏合成材料做大坝结构模型时，尽管石膏材料同混凝土材料之间有相似的方面，但也有不同，如变形模量E和应力σ之间的关系就不尽相同，混凝土的变形模量E随着应力的加大而减小，而石膏材料的变形模量E一直到破坏都基本保持比例的直线关系；此外，两种材料的拉压比也不相同，这些误差在试验中一般根据不同的试验需要进行专门的判断和分析。

此外，模型边界约束不同也会产生不同的效果。例如，大坝模型上游面基础有垂直约束和没有垂直约束对上游面的拉应力有很大的影响。对于模型的砌置，不同的人或在不同的时间砌置都存在一定的离散性，根据清华大学水利系20多年来结构模型试验的经验，如果严格控制，砌置的误差一般可控制在8%以内。

3.2.2 影响测量精度的因素

拱坝模型试验的测量，通常是根据被测对象的特点及要求，选择适当的传感器和测量仪器组成一定的测量系统，正确安装和调试，然后率定和测试；获得试验数据后，将所得试验数据，根据率定曲线，进行数据处理，得到被测量的大小。测量的目的主要是对被测量，进行有一定精确度的测量。影响测量精度的因素有以下几点：

(1) 是否有合理的测量方案?

(2) 所选用的传感器、测量仪器的精度是否与试验所要求的精度相符?

(3) 测量系统的特性（例如测量系统的量程范围、频率范围、线性度、灵敏度、分辨力、稳定性和抗干扰能力等）是否满足要求?

(4) 传感器是否干扰被测对象? 影响的程度是否在允许范围之内?

(5) 测试和数据处理是否正确?

(6) 率定曲线是否正确?

这里需要强调的是传感器被干扰引起的误差。虽然所选的测量系统能够满足测量结果的精度要求，但传感器在测量时，会对被测对象产生干扰而造成误差。在很多情况下，无论传感器多么小，总要对被测量产生干扰和影响。即当放入传感器去测量这一点被测量时，这点的参量值已不是原来未放传感器时的值，而由于传感器的存在，发生了变化。所以，传感器即使很精确，也已测量不到原来的值。这点，在不同的场合和条件下，对不同的参量进行测量时，应予以充分注意。为了提高测量精度，一般希望模型试验中的传感器越小越好。由此可见，不接触测量的最大优点，就是不影响被测量。特别是在模型试验中需要测量坝肩内部的变位情况，往往需要埋设内部位移计或应变片等传感器，此时更应该减小位移计的大小。

如果不注意传感器的使用，同样会达不到精度的要求。例如，在进行结构应变测量时，要特别注意贴片位置及方向的正确性，并选用尺寸合适、阻值和灵敏系数尽量一致的应变片。在长时间静态测量中，要仔细地粘贴和保护。否则，由于工艺及贴片不当，不能正确反映被测量，或由此导致所产生的误差将超出允许的程度。

3.2.3 测量误差的分配

在模型试验中，应保证测量的精度和试验要求精度的一致性，即测量的精度应与试验所要求的精度相符合。当根据所要求的测量精度来选择测量系统中的各组单元时，此时即涉及误差的合理分配问题。

误差分配就是在要求测量结果的总误差不能超过某一限度的条件下，对形成总误差的各个误差分项的大小范围提出要求，即根据所要求的测量结果总误差来分配各个分项误差。

测量分为直接测量和间接测量。直接测量是用已定好的测量系统对被测量直接测量，求得未知被测量的值。间接测量是通过未知被测量与若干个变量相联系的关系式，先分别对各变量进行直接测量，然后将所得数值代入该关系式进行计算，从而求得未知被测量的数值。

无论直接测量还是间接测量，对于测量系统中的传感器和各个测量仪器误差的分配，必须灵活掌握。一般可以先大致按均等原则进行分配，然后再按可能性作适当的调整。在模型试验的测量系统中，传感器的误差一般较大，应分配有较大的允许误差。在误差分配时，一定要考虑综合的经济指标，不能单纯仅从误差的一项要求来决定。此外，要根据现有的设备和条件来选择，切不可脱离实际条件。

3.2.4 测量误差的合成

由于目前模型试验用的传感器和测量仪器品种、类型不多，尚无任意选择的余地，有时甚至没有适合可用的传感器和测量仪器，要求试验者自己试制。要求模型试验测量工作者自己估计由现实条件而组成的测量的误差，这就是误差的合成问题。

误差合成即是研究在已知各个误差大小的情况下，如何求出测量结果的总误差的问题。单个传感器或单个仪器的误差是由各个误差因素所合成的。而简单的测量系统是由传感器、测量仪器和记录器三者所组成，则总误差是由每一组成部分的误差所合成。

1. 测量系统误差的合成方法

(1) 系统误差的合成。系统误差就是把各误差代数相加。对于简单的测量系统就是把传感器误差、测量仪器误差和记录器误差代数相加。

(2) 随机误差的合成。根据概率论，简单测量系统中传感器、测量仪器和记录器三个随机误差之和的标准误差为

$$\sigma_{\Sigma}=\sqrt{\sigma_1^2+\sigma_2^2+\sigma_3^2+2\rho_{12}\sigma_1\sigma_2+2\rho_{23}\sigma_2\sigma_3+2\rho_{13}\sigma_1\sigma_3} \tag{3.44}$$

式中：σ_1、σ_2、σ_3 分别为各个量的标准误差；ρ_{12}、ρ_{23}、ρ_{13} 分别为两个量的相关系数。

若三个随机误差互相独立或互不相关时，即一个误差的取值与另一个误差的取值毫无关系时，三个相关系数均为零，可得

$$\sigma_{\Sigma}=\sqrt{\sigma_1^2+\sigma_2^2+\sigma_3^2} \tag{3.45}$$

当一个误差与另一个误差成正（负）的强互相关时，即一个误差增大时，另一个误差严格按比例增大（减小），这时$\rho=\pm1$。设 $\rho_{12}=\rho_{23}=0$，$\rho_{13}=1$ 时，则由式（3.45）可得

$$\sigma_{\Sigma}=\sqrt{\sigma_1^2+\sigma_2^2+\sigma_3^2+2\sigma_1\sigma_3} \tag{3.46}$$

2. 系统误差的概率处理

系统误差的数值是固定的或按一定的规律变化。通常，在已知系统误差的数值之后，可以代数合成。但是由于以下原因，一般在处理系统误差时宜采用概率统计的方和根法。

(1) 要处理系统误差，首先要在确切掌握其规律和数值的条件下才能进行，而实际情况是只能作某种程度的估计。

(2) 当进行误差计算时，所能获得的资料，如传感器、电子仪器等往往是以百分数表示的极限相对误差，使得考虑问题时，难有规律性可循。

(3) 在一个测量系统中，系统误差的分量个数很多。这就不像数目很少时那样：每一个分量同时都以最严重的情况出现，这种机会是很少的。如果用代数方法进行误差估计会偏大，往往会导致将原来能使用的测量系统放弃。实质上，误差源越多，其互

相叠加的可能性越小。

（4）系统误差中有累进变化、周期变化和复杂规律变化等各种变化的误差。在测量工作期间，它们是随机地组合的。

3．测量系统误差的估算

根据系统误差的概率处理，总误差的计算为方和根法，其公式为

$$\Delta_{\Sigma}=\sqrt{\Delta_1^2+\Delta_2^2+\cdots+\Delta_n^2} \tag{3.47}$$

如采用均方根误差来计算，则要求进行多次测量。当测量次数很少或仅有一次时，应当采用相对极限误差来计算。当测量次数很少或仅有一次时，应当采用相对极限误差来计算。

在系统误差占相当成分时，笼统地将系统误差与随机误差都进行方和根合成，这样做，实际上是将系统误差估计小了。如果在某种具体情况下，对误差计算有较严格的要求时，请查阅有关专门书籍做特殊处理。

对于模型试验来说，误差一般主要取决于传感器，因为它是一个非电量转换装置，其制作的精度不可能很高；而电子仪器是将电量进行再转换，误差相对来说要小一些。在一般情况下，传感器的误差普遍要比电子仪器的误差大。在模型试验中传感器产生误差的原因一般包括长导线的影响、黏结胶水引起的误差、温度引起的误差等。因此，对接在传感器后面的电子测量仪器和记录器追求过高的精确度是没有必要的。尤其在数据经数字化之后，由计算机进行数据处理，其运算精度能够得到充分的保证。由此可见，其最后测量结果的误差主要取决于前面传感器测量时所保证的精度，否则，后面电子仪器的测量和计算机的运算再精确，其结果也是值得怀疑的。

传感器和仪器等误差都是在一定条件下得到的，当在某一具体情况下使用时，必须首先分析所处环境条件是否符合规定的测量条件，尽量弄清所有误差源、误差的性质以及产生误差的可能大小，然后进行全面的考虑和细致的修正。这样，对保证测量精度和误差分析有一定帮助。

3.3　试验数据处理

3.3.1　静态试验数据处理

在测量中，为了从测量所得的原始数据中，求出被测量的最佳估算值，并估计其精确程度，必须对测量结果进行加工，这个加工过程就是数据处理。静态试验数据所表征的被测参数的真值是不随时间变化的恒定值。对某一被测静态参数，即使在某一相同的试验条件下，重复进行测试，也会由于误差而使各数值之间存在着微小的差异，形成一个离散的数字量数据列。在被测量稳定不变时的测量误差称为静态误差。静态试验数据处理的目的就是消除测量误差的影响，确定被测参数的合理值和误差范围。

1. 静态试验数据处理的一般步骤

（1）在测量前和测量时，尽可能注意消除系统误差。初步根据测量结果精确度的要求而决定对每一测量点的测量次数，从而获得对某一测点的一系列等精度测量的数据列，数据的估读数字最多为一位。

（2）等精度测量的数据列为 x_1、x_2、…、x_n，则数据列的算术平均值 $\overline{x}=\frac{1}{n}\sum_{i=1}^{n}x_i$。用最小二乘法原理可以证明：在一组等精度测量中，算术平均值为最佳值或最可信赖值。但要注意的是，如果被测对象虽然是稳定的，而传感器不够稳定，存在时漂或温漂（例如晶体压力片等），此时，要尽量缩短测量时间或利用已经掌握的漂移规律对测量数据进行修正。

（3）计算数据列的标准差：

$$\sigma=\sqrt{\frac{1}{n-1}\sum_{i=1}^{n}(x_i-\overline{x})^2} \qquad (3.48)$$

（4）检验和剔除含有粗大误差的异常数据（又称为坏值）。对于一般要求不高的测量，可采用莱因达准则检验。莱因达准则：服从正态分布的试验数据，其最大分布范围为 $\pm3\sigma$，故 $\pm3\sigma$ 是正常数据误差 δ_i 的最大可能值。$K_r=3\sigma$。如果某个数据 x_k 的离散程度 $|\delta_i|>3\sigma$ 时，则说明该数据 x_k 为异常数据应予舍弃。

但必须注意，在剔除了异常数据后，应根据留下的数据重新计算算术平均值和标准差，不能一次同时舍弃几个剩余误差绝对值 $|\delta_i|$ 较大的数据，而只能舍弃其中数值最大的一个，然后从留下的数据重新计算新的鉴别值 K_r，进行第二次检验。否则会将正常的测量值当作粗大误差处理，而导致测量结果错误。

莱因达准则方法简单，无需查表，使用方便，可在普通情况下应用。除此之外，尚有肖维勒准则，它是经典方法，应用也比较多，但仅适用于测量次数多于 10 次的情况，否则可能不够准确。T 检验准则、格拉布斯准则和狄克逊准则可给出较严格的结果。在精密测量中，可以选用两三种方法计算加以判别。

(5) 计算算术平均值 $\overline{x}$ 标准误差 $\sigma_{\overline{x}}$。数据列的算术平均值 $\overline{x}$ 也是随机变量，服从正态分布，为了得到用某一数据列算术平均值来估计真值时可能的误差范围，需要计算算术平均值的标准误差 $\sigma_{\overline{x}}$，概率论证明为

$$\sigma_{\overline{x}} = \sigma / \sqrt{n}$$

式中：σ 为数据列的标准误差；n 为数据个数。由此可知，算术平均值的标准误差 $\overline{x}$ 要比试验数据列的标准误差 σ 小 $\sqrt{n}$ 倍。在一定范围内增加测量次数可以提高测量精度。但 n 超过一定值（10～20 次）后，精度提高显著缓慢下来。所以，如需进一步提高测量结果的精确度，应改用其他测量方法。

(6) 测量结果的表示。静态试验数据测量结果一般有两种表示方法：一种是给出测量结果 $\overline{x}$；另一种是给出测量结果及其估计误差。

$$x = \overline{x} \pm 2\sigma_{\overline{x}} \text{（置信概率为 0.954）} \tag{3.49}$$

或

$$x = \overline{x} \pm 3\sigma_{\overline{x}} \text{（置信概率为 0.997）} \tag{3.50}$$

算术平均值 $\overline{x}$ 及其标准误差 $\sigma_{\overline{x}}$ 是随机误差分布规律的数字特征值。它可以说明：如果隔一段时间，在条件不变的情况下，再做一次或多次测量，尽管各次数值都不太一样，但可以预测它们中的 99.73%肯定落在（$\overline{x} \pm 3\sigma_{\overline{x}}$）这个区间内。

2. 拟合方法

为了方便率定和数据处理，传感器、电子仪器或测量系统的输入和输出关系尽量设计成线性关系。对于不能达到线性关系而成指数关系等的测量系统，只要在测量电路中加入线性环节后，就能使整个测量系统的输入与输出关系成为线性关系。在实际测量中，理论上应在一条直线上的各测点数据区随机地分布。对于这样两个或多个存在着统计相关的随机变量，可以根据大量有关的观察数据来确定它们之间统计的定量关系，即求出一定的数学公式来表达这种关系。这种公式称为回归方程，而其数学处理过程称为拟合过程。拟合直线和曲线的方法有很多种，这里仅介绍简单的图解法和拟合精度最高的最小二乘法。

（1）图解法。拟合直线大体通过这些点的分布中心，与分布趋势一致，直线两侧的点数大致相等。并根据各点与直线的距离，适当考虑让直线两侧的点对直线的偏差的平方之和大体相等。图解法简单、直观，但在数据比较分散时准确性不高，因此只能在分布比较集中、趋势比较明显、对结果要求不高时才能运用。

（2）最小二乘法。拟合直线方程为

$$y = b + kx \tag{3.51}$$

假定实际校准试点有 n 个，对应的输出值是 y，则第 i 个校准数据与拟合直线上相应值之间的残差为

$$\Delta_i = y_i - (b + kx_i) \tag{3.52}$$

最小二乘法拟合直线的拟合原则就是使 $\sum\limits_{i=1}^{n}\Delta_i^2$ 的值最小。也就是说，使 $\sum\limits_{i=1}^{n}\Delta_i^2$ 对 k 和 b 的一阶偏导数等于零，从而求出 b 和 k 的表达式：

$$\frac{\partial}{\partial k}\sum\Delta_i^2 = 2\sum (y_i - kx_i - b)(-x_i) = 0 \tag{3.53}$$

$$\frac{\partial}{\partial b}\sum\Delta_i^2 = 2\sum (y_i - kx_i - b)(-1) = 0 \tag{3.54}$$

从以上两式即可求出 k 和 b：

$$k=\frac{n\sum x_i y_i-\sum x_i\sum y_i}{n\sum x_i^2-(\sum x_i)^2} \tag{3.55}$$

$$b=\frac{\sum x_i^2\sum y_i-\sum x_i\sum x_i y_i}{n\sum x_i^2-(\sum x_i)^2} \tag{3.56}$$

将式（3.55）和式（3.56）代入式（3.51），即可得到理论拟合直线。最小二乘法线性度拟合精度最高，但计算比较复杂。

当两个变量之间存在着曲线相关关系时，要配以曲线回归方程。曲线回归分析是首先确定曲线回归方程的类型，然后再进一步确定回归方程的参数。

确定或判断曲线回归方程的类型，需要从理论上和实践上作认真细致的分析，加上一定的经验。即根据两变量之间的内在联系，从理论上推导出它们之间的函数关系，或根据以往大量的实际经验所得的结果，来确定它们之间的曲线类型。如采用图解法，则是将实际所得的观察值点绘于直角坐标中，得到散点图。根据散点图的分布形状和特点，对比各种数学函数的图形，将与散点图分布最接近的图形作为观测数据所属的回归方程的类型。若散点图的分布接近两种不同的函数曲线，则应尽量采用较简单的曲线类型。

确定曲线方程中的参数一般是先通过某种数学变换，将曲线方程化为直线方程。然后，根据前述方法，由观察数据求出直线方程中的新参数值。最后，按参数变换形式求出曲线方程中的参数值，从而确定了具体的曲线回归方程。

许多多元非线性回归方程，都可以转化为多元线性回归问题。多元线性回归分析的原理与一元线性回归分析完全相同，所不同的仅仅是多元线性回归的数学模型为矩阵形式，一般采用电子计算机进行计算。

3.3.2　随机试验数据处理

实践证明，模型试验的随机过程大多数为平稳的各态历经

（偏历性）的随机过程。也就是说，任意一个样本函数完全代表了整个的随机过程。为了取得较可靠的结果，应多选几个样本进行分析，然后求出它们的统计平均值。

随机数据处理的一般步骤如图 3.10 所示。

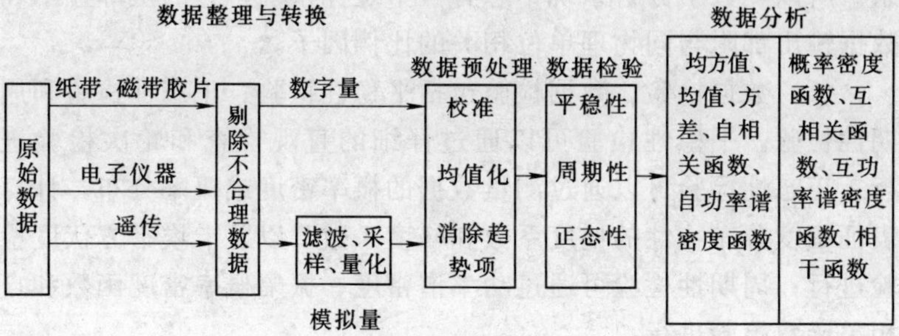

图 3.10　随机数据处理的一般步骤

（1）获得原始数据。原始数据直接与数字分析仪相连，进行实时处理。

（2）去除不合理的数据。过高和过低的不合理数据是由于在获得和记录数据的过程中，因严重的噪声、传感器失灵和操作使用不当等各种原因造成的。因此，在数据处理过程中必须剔除不合理数据。

（3）模拟量转换为数字量。采用数字分析系统，信号若是数字量，则可直接输入数字分析系统。如为模拟量，应将模拟量转换为数字量后，再进入数字分析系统。

（4）数据预处理。在随机数据分析中，记录资料的预处理包括数据均值化、消除趋势项和校准数据的物理单位。预处理可以使数据标准化，减小误差，以便进一步数据处理和各种统计检验。一般数据处理的方法包括以下几种：

1）零均值化，即是把原始数据 $x(t)$ 减去平均值。

2）消除趋势项，凡是周期大于记录长度的频率成分均称为趋势项。它是一种线性的或缓变的趋势误差，属于系统误差。消除趋势项可以采用平均斜率法或最小二乘法。

3）校准数据的物理单位（定标）。在数据数字化的过程中，同时输入一系列其单位与被测量的单位相同、其值已知的参考信号，以便直接确定量化后的数字量与被测量单位之间的换算关系。所以，数字分析系统中总有一个定标系统，它的全部显示和数据输出都附与同物理单位相关的比例因子。

（5）数据检验。数据检验包括平稳性检验、正态性检验和周期性检验。平稳性检验可以通过仔细的直观检查和轮次检验进行；正态性检验可以通过测量数据的概率密度或概率分布，计算表征幅度分布特性的偏度系数和峰度系数，以及卡埃平方伏度检验进行；周期性检验可通过功率谱密度、振幅概率密度函数和自相关函数检验进行。

（6）数据分析。对一个样本有限长度记录的功率谱估计，若截断会使被估计的波谱发生畸变，使原来的波谱扩散、波动和产生负值。为降低由于有限长度记录对原来波谱的影响，其方法是加某种窗函数，对波谱进行平滑。窗的运算在时间域内是乘积，在频率域内是褶积，也就是说对时间序列 $f(t)$ 采用某种窗函数 $W(t)$，其实质只不过是对 $f(t)$ 的数值使用某种“权重”。现已提出了许多种不同形状的窗（矩形窗、三角窗、富里哀核窗、汉宁窗、幂窗和高斯窗等），它们的“权重”可查相对应的表格。对于 H. P. 5451C 分析系统，它能反复对样本加汉宁窗，每加一次汉宁窗，时间窗变换的旁瓣要衰减 12dB/倍频程（40dB/十倍程），而变换的主瓣加宽了 $2\Delta f$（频宽），振幅也衰减了相应的因子，为了显示真实的振幅，则必须考虑恢复相应的衰减。

系统误差的消除既需要工作人员具有一定的理论水平和较多的实际观测经验，还需要对整体试验的全面把握，因为一个大型结构试验，误差的产生原因是多方面的，不是很容易搞清楚，甚至由于非线性的变化，消除误差也极其困难。对于减小误差，除以上提到的理论方法，也可用比较实用的校正法和对称法，前者主要通过标准仪器率定修正，并画出率定曲线，后者主要利用测量结构周边的对称测点，消除加载的偏心效果，如在进行拱坝的模型试验时，对称拱坝可利用对称位置测试其应变值，再通过比较分析以消除加载的误差。

第4章　高拱坝地质力学模型试验实例分析

本章主要就已经建成运行的李家峡、二滩拱坝以及在建的溪洛渡拱坝和锦屏拱坝的三维地质力学模型试验方法、试验结果和整体稳定等进行实例分析。

第1节　李家峡拱坝地质力学模型试验研究

1.1　工程概况

李家峡水电站位于黄河上游，是龙羊峡—青河段的第三个梯级电站。拦河坝为三心圆双曲拱坝，最大坝高155m，底宽45m，顶宽8m。坝址处河谷宽高比为2∶1，坝顶长度414.39m。在左岸布置有重力墩，坝身布置有泄水中孔和底孔。坝址区主要出露

图4.1　李家峡大坝全景图

前震旦系变质岩，由黑云更长质条带状混合岩和黑云母角闪斜长片岩组成，间有花岗伟晶岩脉穿插，夹有绿泥石、绢云母等次生矿物。岩石坚硬性脆，岩层片理发育，地层呈单斜状。坝区断裂发育，有 5 个方向，7 组。图 4.1 所示为大坝建成全景图。

1.2　模型设计

1.2.1　模型比例尺及模拟范围

李家峡双曲拱坝模型是在长 2.3m、宽 4.5m、高 2.5m 的大钢架试验台上进行。选用的模型比例尺为 1∶150。模型模拟的范围如下：坝体上游方向模拟 60m，接近坝体高度的 0.4 倍，可模拟出左岸上游 F20 冲沟；坝体下游方向模拟 265m，接近 1.7 倍坝高，可模拟左坝沟上游侧；左岸模拟了 360m，超过 2.3 倍坝高，可模拟左岸单薄的山体；右岸模拟了 210m，约 1.5 倍坝高；河床坝基下模拟 150m，约为 1 倍坝高。坝肩岩体模拟至坝顶 2185m 高程，其上岩体未模拟，呈平台状。

1.2.2　地质条件模拟

根据岩级质量分类表和李家峡坝基岩体分级平面图进行岩体模拟。各级岩体的模拟材料选用以重晶石粉为骨料，掺入重硅粉和水混合浇筑成块，利用模具形成规则块体，模型材料选用如表 4.1 所示。

表 4.1　李家峡模型试验模型材料选用表

岩体类别	模型材料	变形模量（MPa）		摩擦系数 f		抗剪强度 C(MPa)	
		原型($\times10^3$)	模型	原型	模型	原型	模型
A、B	水、石膏、重晶石、砂藻土（浇筑成型）	20～25	180	1.1	1.1 (0.8)	2.0 (4.0)	0.013 (0.026)
C	水、石膏、重晶石、重硅粉（浇筑成型）	7～12	70	1.0	1.0	1.5～2.0	0.013
D	水、石膏、重晶石、重硅粉（浇筑成型）	4～7	45	0.8	0.8	0.08	0.007
E	水、重晶石、重硅粉（夯实成型）	1.5～4	20	—	—	—	0

由于李家峡坝址区岩体的稳定性由断层、层间挤压带及裂隙组合控制，所以对岩体的层理不再模拟。

李家峡坝址区断层发育，根据地质平切图的产状来模拟主要的断裂结构面，包括各类结构面的力学参数。模拟的主要断层包括：河床坝基 F1、F20、F20－1、F50；左岸坝基 F26、F1、F32、F34；右岸坝基 F1、F27。模拟的主要层间挤压带：左岸 f33、f35、f20（由 f18、f20、f24 合并）、f30、f32；右岸 f33、f35、f20（同上）、f121 和 f7（2120m 高程以上）。

断层和层间挤压破碎带的模拟方法：产状根据地质平切图并适当简化，对于宽度（包含断层破碎带和影响带）超过 0.75m 的，按其实际宽度模拟，小于 0.75m 的不再模拟宽度；力学参数中抗剪强度 C 按上述方法模拟，而摩擦系数 f 只用夹纸方法模拟。

裂隙模拟如下：左岸模拟顺河向裂隙垂直裂隙（即 NE55°～70°，倾向 SE 或 NW∠70°～80°）；右岸模拟 NE35°～NE55°向裂隙（即 NE20°～50°，倾向 NW 或 SE∠40°～60°）；在片岩发育区和左岸 2150m 高程以上模拟平缓裂隙，间距按 12m，连通率按 100%；除平缓裂隙以外的裂隙的连通率按 50%模拟。裂隙间距见表 4.2，不同岩级的岩体分区模拟。

表 4.2　　裂隙间距表

岩　区	A、B	C	D	E、F
模型间距（cm）	9.5	5.5	4.0	3.0
相当原型间距（m）	14.25	8.25	6.0	4.5

在拱端附近及地基部分，除 E、F 区用小砌块砌置外，通过对一个连通面上相邻两对砌块中的一对，用模型专用胶黏结来模拟非连通部分。对于裂面抗剪强度按 $c=0$ 模拟。由于裂隙宽度均小于 2cm，故不模拟裂隙宽度。

1.2.3　荷载模拟

以三角形荷载为基准，只模拟了水荷载。采用油压千斤顶法加载，分 7 层形成近似三角形荷载图形，共用千斤顶 76 个，每组千斤顶均与分油器相连，用 7 个压力表控制各层油压。试验采用逐级增量法加压，前后共加载 36 次，加载过程如表 4.3 所示。

表 4.3　李家峡试验加载记录

加载时间		加载次数	加载倍数	备注
1991 年 3 月 1 日	10：28	1～3	0—0.3P—0	连续加三次
	14：21	4～6	0—0.3P—0.6P—0	连续加三次
	15：53	7～9	0—0.3P—0.6P—0.8P—0	三次连加
	17：12	10～12	0—0.3P—0.6P—0.8P—1.0P—0	三次连加
1991 年 3 月 2 日	15：34	13	0—0.3P—0.6P—0.8P—1.0P—0	一次
	16：42	14	0—0.3P—0.6P—0.8P—1.0P—0	一次
	17：37	15	0—0.6P—1.0P—0	一次
1991 年 3 月 4 日	14：42	16	0—0.3P—0.6P—0.8P—1.0P—0	一次
	15：36	17	0—0.3P—0.6P—0.8P—1.0P—0	一次
1991 年 3 月 13 日	16：30	18～19	0—0.5P—0.8P—1.0P—0	二次连加
1991 年 3 月 16 日	8：40	20～22	0—0.5P—0.8P—1.0P—0	二次连加
1991 年 3 月 18 日	15：48	23	0—0.5P—0.8P—1.0P—0	一次
	16：27	24	0—0.5P—0.8P—1.0P—0	一次
1991 年 3 月 19 日	16：19	25	0—0.5P—1.0P—0	分层加载
1991 年 3 月 21 日	15：48	未编号	0—0.5P—1.0P—0	分层加载
	17：07	26	0—0.5P—1.0P—0	一次

注　*P* 为设计水压力。

1.2.4　测量仪器布置

为了获得坝体的应力分布和变形特征，以及坝肩岩体不同部位的变形特征，布置了电阻应变花和跨缝电阻片以及电阻式位移计等测量仪器，测点布置如下：

（1）电阻应变花：在坝体上、下游对称布置了 132 组由 3～4 片电阻应变片组成的应变花。

（2）单个电阻片：在坝顶拱上、下游面对称布置了 24 片，并在坝踵处布置了 4 片，以便监测顶拱及坝踵的开裂和裂缝扩展。

（3）跨缝片：在坝基和坝肩岩体内的结构面布有 51 个测点的跨缝片，监测不同部位。

（4）电阻式位移计：在坝体下游面有 26 个测点，除 25 号和 26 号测点仅测量 Y 向变形外，其他均分别测量 X、Y 向变形。

沿两岸坝肩岩体的结构面两侧布有 45 个测点，大部分是测量 X、Y 向变形。

（5）内部位移计：在地下厂房内埋设有 4 个位移计，测量地下厂房岩壁顶部对底部的相对变形。

1.3 试验成果及分析

1.3.1 超载时坝体与坝基变形

1. 顺河向变形 δ_y

在 $1P_0$ 作用下，坝体最大变形出现在坝顶拱圈靠近拱端 1/3 弧长处，坝基最大变形出现在左坝肩 2075m 高程，变形约 9.2mm。

在 $2P_0$ 作用下，坝体最大变形仍出现在上述位置，但最大变形超过 90mm，在左拱端 2120m 高程，最大变形超过 15mm；此外，2045～2060m 高程之间，也产生较大变形，超过 15mm。

在 $3P_0$ 作用下，坝体最大变形部位不变，最大变形超过 130mm，右岸坝肩 2120m 高程变形超过 25mm，而河床坝基最大变形超过 30mm。此时，在河床坝体底部、左岸拱端 2045～2060m 下游区及右岸拱端 2120m 部位，出现混凝土裂纹，并从而引起坝体变形的非线性。上游拉裂纹最早出现在 $2P_0$ 作用时。

随着荷载进一步增加，坝体最大变形部位不变，当荷载达到 $5P_0$ 时，最大变形达到 261mm，而左侧相同部位的变形为 190mm。河床坝基最大变形达到 62.2mm，右坝肩 2120m 高程变形达到 50.4mm，左坝肩 2045～2060m 高程最大变形达到 54.0mm。此时，大坝已有开裂及非线性发生，但整个大坝仍能处于非线性工作。

在 $7P_0$ 作用下，大坝仍处于连续工作状态，虽然出现裂缝，但仍具有较高的抗力，大坝仍处于应力调整状态，最大变形部位仍出现在右坝顶部位，达到 550mm，左坝肩 2045～2060m 高程最大变形达到 180mm，河床坝基变形达到 150mm，但在坝体功能方面，仍未达到极限荷载状态。大坝仍处于弹塑性开裂工作状态。

当荷载超过 $8P_0$ 后，大坝顺河向变形有显著变化，坝体上部靠右岸出现裂纹，下部坝体出现顺坝基的断裂，河床段坝体下部出现水平断裂。此时，坝体最大变形达到 922.1mm，坝基最大变形达到 427.1mm，左岸重力墩出现裂纹。

2. 横河向变形 δ_x

在 $1P_0$ 作用下，坝体大部分变形偏向右岸，坝顶最大变形大于 6mm。

在荷载小于 $4P_0$ 时，变形基本是连续的；在 $4P_0$ 时，2120m 高程距拱端 1/4 弧长处坝体向左岸变形 20.2mm，上部 2150m 高程向右岸变形 9.4mm，此处可能出现了水平裂纹。

当荷载超过 $4P_0$ 后，横河向变形有较大增加，如左岸 2120m 高程拱端，$4P_0$ 时的变形为 18.4mm，而 $6P_0$ 时的变形则达到 47.5mm，变形增加了 158%，而荷载仅增加了 50%；右岸 2150m 高程拱端，$4P_0$ 时的变形为 27.7mm，$6P_0$ 时的变形达到 69.3mm，变形增加了 150%，而荷载仅增加了 50%。下部 2080m 高程，$4P_0$ 时的变形为 23.3mm，$6P_0$ 时的变形为 53.3mm，表明由于横河向变形过大发生了大坝整体的梁向开裂。

在 $6.5P_0$～$8P_0$ 荷载作用下，左岸拱端因受 f20、F26 切割，横河向变形增大，2120～2160m 高程横河向变形由 65mm 增加到 113.6mm，由于顺 f20 等构造发生滑动，导致横河向变形失稳，致使坝面出现裂纹扩展。

在 $9.5P_0$ 作用下，右岸 2120～2150m 高程横河向变形达到

132.7mm，2120m 高程为 115.0mm，2050m 高程为 182.9mm。

横河向变形增加，引起拱坝的梁向开裂。需要注意的是，大坝拱冠梁在 $4P_0$～$9.5P_0$ 时，皆出现向右岸的变形，即在超载时，大坝向右岸变形，构成整体的变形。

1.3.2　坝体的极限破坏过程及破坏机制

1. 上游面

首先在上游坝踵出现拉裂缝，其中以顺建基面开裂为主，主要是拉应力引起的。其后，沿拉应力扩展形成多层次的裂缝网络。坝体在坝顶 1/4 弧长处向下有两条明显的竖向裂缝，主要是两岸坝肩向岸里变形造成的，即横河向变形过大引起左岸沿 f20、f35 及右岸沿 F1、F27、NE 向裂隙等变形造成的。上游面最终破坏时的裂缝分布如图 4.2 所示。

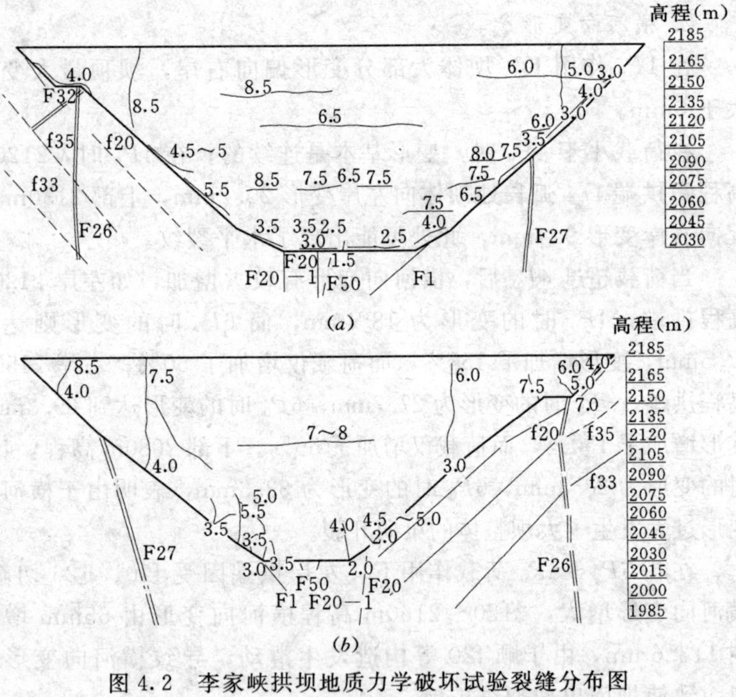

图 4.2　李家峡拱坝地质力学破坏试验裂缝分布图

(*a*) 破坏试验上游面裂缝分布图；(*b*) 破坏试验下游面裂缝分布图

上游坝踵大约 1.5P_0 时开裂，并在 2.5P_0 时扩展至整个上游区。

2. 下游面

由于左坝肩 2090～2045m 区域受到 f20 断层组切割，使该区变形较大，以至于荷载向大坝右岸转移，导致大坝向右岸变形，引起 2045～2090m 区混凝土压碎，除了梁向开裂外，还有一个下游压碎区。

上游河床在 F20、F20-1、F50 区域内，在 1.5P_0～2.5P_0 时开裂，并扩展至全河床。

上游坝基在 3.0P_0～3.5P_0 有裂纹，并开裂。大坝荷载向右岸转移，同时向上部转移。左拱端 2120m 高程附近，即 f20、f35、F26 等切割区，在 3.5P_0 时开裂，到 3.5P_0～4P_0 时，坝上游全部裂开，至 5P_0 时，右岸出现梁向裂纹。

在 8.5P_0 时，大坝左侧出现梁向裂纹。下游面 2030～2060m 高程，因大坝向右偏移，造成右岸下游出现压碎区。由于拱端横河向变形过大，在 6.0P_0 和 7.5P_0 时，形成梁向拉裂纹，并最终形成上下游贯通的裂纹。

1.3.3 坝肩岩体破坏

图 4.3 示出了 2185m 高程的破坏情况，右坝肩在 F1 之外出现沿拱端的破坏滑移体，穿过 f7 形成滑动面。重力墩出现转动与底面剪切破坏，周边岩体有小范围的剪坏。

图 4.4 示出了 2155m 高程的破坏情况。右岸拱端上游有拉裂缝，下游出现剪切裂缝，上下游的连通形成小的滑动块体，下游裂缝连通延伸超过坝宽的 1 倍以上。

左岸拱端 2155m 高程也在上下游裂缝连通情形下形成破坏体，因上部有重力墩，该块体范围较小，故影响范围较小。左岸破坏以 f20 这一组构造为边界，与河床临空面形成小锥体。

图 4.5 示出了 2120m 高程的破坏情况。右岸由于坝基岩体较好，且位于 F27 内侧，固该处没有破坏区，仅在坝上出现裂缝。左岸则破坏较为严重，形成了以 f20 为底面，上游拉裂，下

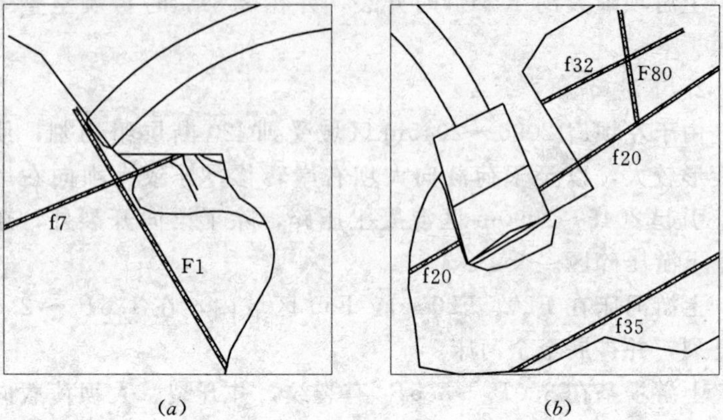

图 4.3　2185m 高程坝肩破坏平切图

(a) 右坝肩；(b) 左坝肩

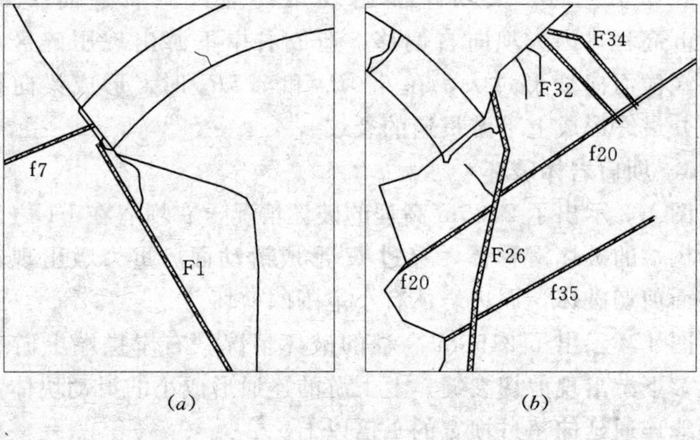

图 4.4　2155m 高程坝肩破坏平切图

(a) 右坝肩；(b) 左坝肩

游剪穿岩体，形成多条破碎裂缝。两拱端对比可见，左拱端变形较大，有沿 f20 向河床滑动的倾向。

图 4.6 示出了 2090m 高程的极限破坏情况。可以看出，两岸破坏均较为严重。右拱端大坝被剪断，下游以 f20、f121 为剪

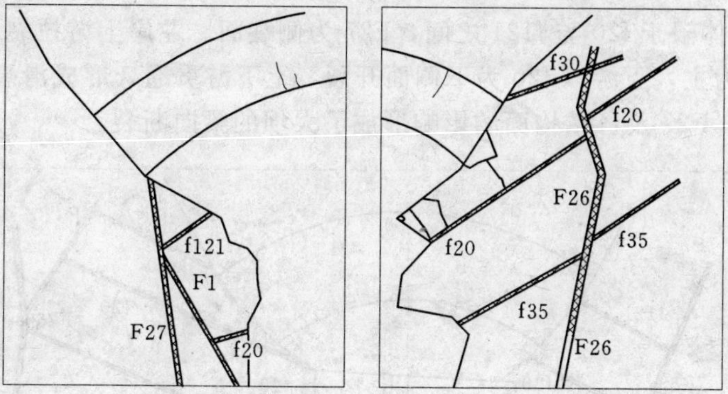

(*a*)　　　　(*b*)

图 4.5　2120m 高程坝肩破坏平切图

(*a*) 右坝肩；(*b*) 左坝肩

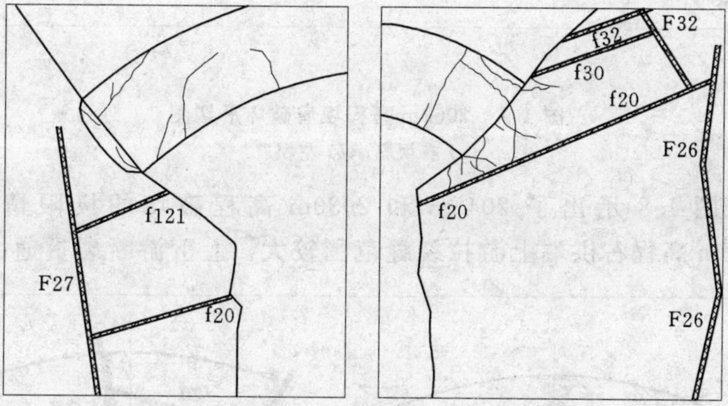

(*a*)　　　　(*b*)

图 4.6　2090m 高程坝肩破坏平切图

(*a*) 右坝肩；(*b*) 左坝肩

断底滑面，以 F27 为侧滑面形成滑动块体。由于坝体两拱端横向变形过大，故形成坝体的剪断，F26 虽未形成滑动体的侧面，但对大坝断裂起了一定的作用。

图 4.7 示出了 2060m 高程的极限破坏情况。图中表明，两

岸破坏均较为严重。右拱端上游出现拉裂缝，下游出现剪裂缝。破坏体限于 f20 与 f121 之间，F27 为侧裂面。左岸上游拉裂区以 f30 为主，下游以 f20 为下侧面开裂，上下游贯通，形成滑裂体。F26、F27 及各结构面的影响形成了大坝的梁向断裂。

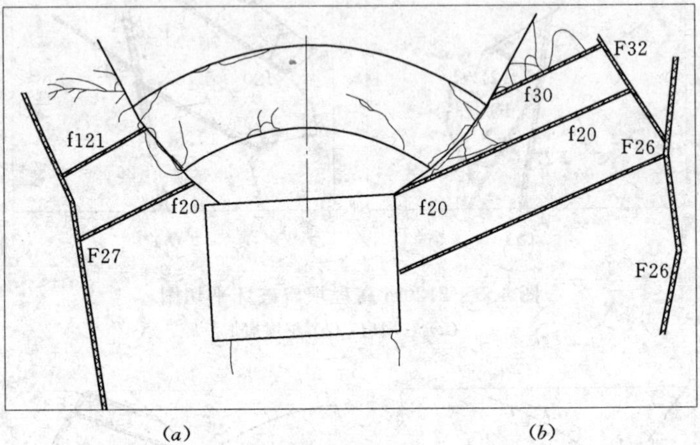

图 4.7　2060m 高程坝肩破坏平切图

(*a*) 右坝肩；(*b*) 左坝肩

图 4.8 示出了 2045m 和 2030m 高程破坏的极限情况。2045m 高程右拱端上游拉裂缝范围较大，上下游断裂贯通。两

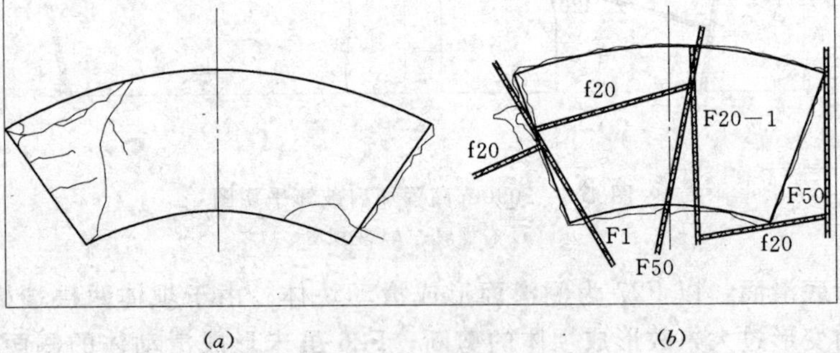

图 4.8　2045m、2030m 高程坝肩破坏平切图

(*a*) 2045m 高程；(*b*) 2030m 高程

拱端均沿建基面滑裂，上游面拉裂缝垂直深度约 10m，下游河床剪穿成坑，整体滑移，上下游连接成滑裂体，显出河床基岩的软弱性。

1.3.4　两岸坝肩岩体及结构面的变形破坏机制

右岸坝顶 $3.5P_0 \sim 4P_0$ 时出现向上的非线性变形，在 $7P_0$ 后，向上变形突然增加，说明右拱端已经发生破坏。左岸坝顶在 $3.5P_0$ 以下时出现向上的线性变形，在 $7P_0$ 以上由于坝体重力墩剪断，故向上滑移。左岸重力墩在 $3P_0$ 时出现非线性变形，在 $7.5P_0$ 时出现极限破坏，从而导致坝体的梁向拉裂破坏。

左岸 F26 在 2155m 高程的位移计测量表明，两侧岩体均向下游变形，并向岸内变形，一般在 $3P_0 \sim 4P_0$ 出现非线性变形，在 $5P_0 \sim 7P_0$ 后开始大变形破坏，有个别点出现向岸外和向上游的变形，说明有拉开破坏。

左岸 f20 两侧岩体均向下游变形，在 $1P_0 \sim 2P_0$ 时出现非线性变形，在 $3P_0 \sim 4P_0$ 时出现破坏变形。一般是沿 f20 向山里变形，在接近破坏时，沿 f20 发生向河谷的变形。仅在 2090m 高程以下较低部位，才出现一直沿 f20 向河谷变形的情况。说明 f20 构成了滑动块体的底滑面，形成的滑移体向河谷滑移。

右岸 F27 外侧岩体发生向下游变形，在 $1P_0 \sim 2P_0$ 时为线性变形，在 $5P_0$ 后有大变形，此时，F27 呈压剪变形；在 $2P_0 \sim 3P_0$ 时向山里变形，极限情况均为向河床及下游变形。其中，2090m 高程在 $3.5P_0$ 时出现拉剪变形，说明 F27 有错动，在 $1P_0$ 左右发生非线性变形。

河床内的 F20、F50、F20－1 及 f20 等交会切割，引起坝基岩体十分破碎，在大坝受力作用下有拉开的趋势，不利于帷幕的形成，并引起坝基过早出现拉应力屈服。

1.3.5　结构面的主要影响

在李家峡拱坝坝址，地质构造断裂和 NE 向裂隙影响是影响坝基变形和承载能力的主要控制因素。

（1）由于 F26、F27 在坝址区附近造成坝基岩体的软弱性使得大坝的拱向变形和径向变形过大，尤其是非线性变形过早出现，影响大坝的超载能力，使得在 $7P_0$ 时坝体出现断裂，基础变形达到 10mm 以上，帷幕出现断裂。

（2）f20、f33、f35 等层间片理带在 2060～2090m 高程，在未处理时，形成左岸的软弱带，出现较大变形，过早屈服，在 $1P_0$～$2P_0$ 即有非线性变形，较早地出现了滑移块体，并向河床变形滑动。f20 在左右岸都形成滑移块体的底滑面，并向河谷滑移，形成最终的破坏方式。

（3）河床坝基岩体的软弱性使得大坝上游坝踵在 $1P_0$～$2P_0$ 就被拉裂，并导致帷幕破坏。影响范围最低高程为 2000m。

1.4 模型试验的整体评价

整体模型试验的渐进破坏用加载倍数表示的安全度如下：上游坝踵拉裂安全度，$K_1=1.5$；$K_2=3$；大坝出现裂缝使其开始丧失正常工作荷载，$K_3=5.4$。

对试验结果整体评价如下：

（1）李家峡双曲拱坝完整岩体模型的超载安全度为 5.4。

（2）从破坏机制分析，上游面首先在上游坝踵出现拉裂缝，其中以顺建基面开裂为主，主要是拉应力引起的。其后，沿拉应力扩展形成多层次的裂缝网络。下游面由于左坝肩 2090～2045m 区域受到 f20 断层组切割，使该区变形较大，以至于荷载向大坝右岸转移，导致大坝向右岸变形，引起 2045～2090m 区混凝土压碎，除了梁向开裂外，还有一个下游压碎区。

（3）右岸基础在小于超载倍数 $3P_0$ 的低荷载时，变形较大；左岸在拱端金三角的中部高程在 $2P_0$～$3P_0$ 时出现非线性变形，应注意加强对此部位的监测和处理。

第 2 节 二滩拱坝地质力学模型试验研究

2.1 工程概况

二滩水电站位于金沙江支流——雅砻江中下游，是以发电为主综合利用的水电站。坝址区出露的地层为二叠系的玄武岩和后期侵入其间的正长岩，岩体较为完整，岩性坚硬致密，岩石强度高。但是，由于正长岩体的侵入，使右坝肩微粒隐晶质玄武岩顶部和底部形成宽约 20m，略成平行分布的两条纤闪石化玄武岩软弱岩带，该带在 1010～1090m 高程之间呈 NE30°左右方向展布，岩体蚀变较严重，变形模量仅 0.6GPa，造成右坝肩岩性的不均一，对右坝肩岩体的稳定不利。二滩拱坝为抛物线型双曲拱坝，最大坝高 240m，拱冠梁断面最大坝底厚 56.51m，坝顶厚度 11.0m，顶拱中心线弧长 769m。图 4.9 为大坝建成后的下游面图。

图 4.9　二滩大坝下游面图

二滩双曲拱坝先后做了三个地质力学破坏模型试验，模拟了三种不同的岩体力学参数，前者岩体完整，保持连通率相似，后者岩体为散砌体，节理均按全贯通模拟。前者代表大坝基岩抗力的上限，后者代表基岩抗力的下限，下面简要介绍后者的试验情况及成果。

本次模型试验的目的主要有：①大坝及坝肩岩体的整体安全度；②分析大坝的破坏机制；③对大坝岩基可能的处理方案进行研究；④对坝型进行优化分析。

2.2　模型设计

2.2.1　模型比例尺及模拟范围

根据模型槽的尺寸和要求模拟的范围，本次试验选定的几何比例尺为 1∶250。按照试验要求，模型坝基模拟范围为 1 倍坝高；两岸坝基模拟范围为 2 倍的坝高；上、下游方向模拟 1.5 倍的坝高，使左岸的中滩沟也在模拟范围之内。

2.2.2　地质条件模拟

(1) 岩体的模拟：坝址区岩体分为六大级，即 A～F 级。其中 A～C 级岩体的结构近于整体或大块体状结构，镶嵌状况是紧密或较紧密；RQD 均在 60%以上；风化程度为微风化～新鲜，仅 C 级岩体为弱偏微风化，变形模量在 10GPa 以上，抗剪断强度 f 在 1.2 以上。因此，模型采用 f 和 C 值相似的材料按整体材料分级模拟。D 和 E 级则按节理岩体分区模拟（其中 E－1 级按变形模量相似整体模拟）。F 级为散体结构。岩体质量分级见表 4.4 和表 4.5。

表 4.4　　二滩水电站枢纽岩体质量分级简表

岩体质量分级		A	B		C		D	
			B－1	B－2	C－1	C－2	D－1	D－2
岩性及代号		正长岩 ξ_c 辉长岩 V	玄武岩 $P_2\beta_3$ $P_2\beta_3$	蚀变玄武岩 $P_2\beta_L$	正长岩 ξ_c	各类玄武岩	正长岩 玄武岩	正长岩 玄武岩
岩体结构	结构类型	整体块状	整体块状	整体块状	块状	块状镶嵌	镶嵌	碎裂镶嵌
	RQD (%)	>80	>75	>75	>70	>60	>50	>40
嵌合程度	结合状况	紧密	紧密	紧密	较紧密	较紧密	较差	较差
	裂隙夹泥	无	无	个别裂隙	局部充填		部分充填	
风化特性		微—新鲜	微风化—新鲜		弱偏微	弱偏微	弱偏微下	弱偏微主
变形模量 E_0 (MPa)		35	25	10～35	15	10	5～8	
岩体抗剪断	f'	1.73	1.73	1.2～1.73	1.45	1.2	0.84	
	C' (MPa)	5.0	4.0	2.0～5.0	3.2	2.0	1.2	1.0
结构面纯摩	f	0.65	0.7	0.75	0.65	0.7	0.55	
	C (MPa)	0	0	0	0	0	0	0

表 4.5　　二滩水电站枢纽岩体质量分级简表

<table>
<tr><td colspan="2" rowspan="2">岩体质量分级</td><td colspan="3">E</td><td>F</td><td colspan="2" rowspan="2">断层带</td></tr>
<tr><td>E－1</td><td>E－2</td><td>E－3</td><td>C－1</td></tr>
<tr><td colspan="2">岩性及代号</td><td>纤闪石化玄武岩 $P_2\beta_3$Ⅱ</td><td>玄武岩 $P_2\beta_3P_2\beta_3$</td><td>蚀变玄武岩 $P_2\beta_L$</td><td>正长岩 ξ_c</td><td rowspan="6">片状、块状、劈理岩屑组成，无连续断层泥部分充填</td><td rowspan="6">角砾、岩屑、岩块以及 1～5cm 连续的断层泥充填</td></tr>
<tr><td rowspan="2">岩体结构</td><td>结构类型</td><td>碎裂-镶嵌</td><td>镶嵌-碎裂</td><td>碎裂结构</td><td>散体结构</td></tr>
<tr><td>RQD（%）</td><td><25</td><td>25</td><td>30</td><td><20</td></tr>
<tr><td rowspan="2">嵌合程度</td><td>结合状况</td><td>较紧密</td><td>较紧密</td><td>明显松弛</td><td>强烈松弛</td></tr>
<tr><td>裂隙夹泥</td><td>无</td><td>无</td><td>裂隙普遍</td><td>裂隙普遍</td></tr>
<tr><td colspan="2">风化特性</td><td>微风化～新鲜</td><td>微风化～新鲜</td><td>弱偏强风化上段</td><td>全强风化</td></tr>
<tr><td colspan="2">变形模量 E_0(MPa)</td><td>0.8～1.5</td><td>2.5</td><td>3～5</td><td>0.5～1</td><td colspan="2"></td></tr>
<tr><td rowspan="2">岩体抗剪断</td><td>f'</td><td>0.58</td><td>0.58</td><td>0.7</td><td>0.5</td><td colspan="2">0.84</td></tr>
<tr><td>C'（MPa）</td><td>6.0</td><td>8.0</td><td>5</td><td>1～2</td><td>0.5</td><td>0.36</td></tr>
<tr><td rowspan="2">结构面纯摩</td><td>f</td><td>0.51</td><td>0.51</td><td></td><td>0.45</td><td>1.2</td><td>0.5</td></tr>
<tr><td>C（MPa）</td><td>0</td><td>0</td><td>0</td><td>0</td><td>0</td><td>0</td></tr>
</table>

（2）断层模拟：坝址区内仅有 f20 规模较大，且位于右坝肩的着力区内。所以模型上按其出露展布情况如实模拟，由于 f20 断层破碎带宽度仅有 0.1～0.3m，影响带亦不明显，按 $\tan\varphi=0.35$，$C=0$，用夹纸模拟，使 $C_f=1$。

（3）裂隙模拟：按节理裂隙优势产状模拟；满足连同率 100%的要求；当 f 值不能满足强度值，用增加 C 值取得当量强度进行模拟，并按坝基工作应力范围将增加 C 值折算成 $\tan\varphi$ 值。即模拟裂隙的组数和产状以及连通率在各级岩体中是一致的，因而裂隙的间距及块体大小由 100%的连通率所决定。

2.2.3　模型材料

模型材料按二滩坝址区岩体物理力学参数表及模型材料强度的相似要求，采用了以重晶石粉为骨料，添加不同原料以模拟岩体的物理力学性质，以保证岩体强度尽量完全相似或近似相似。选用的模型材料如表 4.6 所示。

表 4.6　二滩水电站模型材料选用表

岩级	原材料参数			模型材料制作	模型材料参数		
	容重 (g/cm^3)	变形模量 (GPa)	$\tan\varphi$	采用重晶石粉，重硅粉，水夯实成形	容重 (g/cm^3)	变形模量 (MPa)	$\tan\varphi$
A	2.70	35	1.30	RA_1 型	2.6	140	1.37
B	3.02	25	1.00	RB_1 型	2.3	100	1.25
C-1	2.70	15	1.30	RC_1 型	2.3	60	1.40
C-2	2.95	10	1.30	RC_2 型	2.3	40	1.40
D-1	2.70	5～8	0.84	RD_1 型	2.2	20	0.80
D-2	2.95		0.84	RD_2 型	2.2	32	0.90
E-1	2.50	0.8～2.5	0.58	RE_1 型	—	10	
E-2	2.90	2.5	0.58	RE_2 型	—	10	
E-3	2.75	3～5	0.70	RE_3 型	2.2	2	0.74

2.2.4　荷载模拟与加载

试验采用油压千斤顶加载法，按坝体承受的三角形水载分 6 层千斤顶模拟，千斤顶布置情况如图 4.10 所示。千斤顶加载按增大水体比重法，采用 6 层千斤顶使用同一比例增加荷载。各层千斤顶均用一个压力表控制压力，用分油压及高压输油管连接每个千斤顶，用油泵施加油压。施加油压的顺序是由坝体底部开始逐层向上施加直到坝体顶部，卸载过程与此相反。本次试验采用了循环加载—卸载，最后的破坏试验是连续加载。共进行了 27 次加载及卸载试验，其中前 15 次为 $1.0P_0$；第 16～26 次为从 $1.0P_0$ 逐级增值（每次 $0.25P_0$ 或 $0.5P_0$）至 $3.5P_0$；第 27 次破

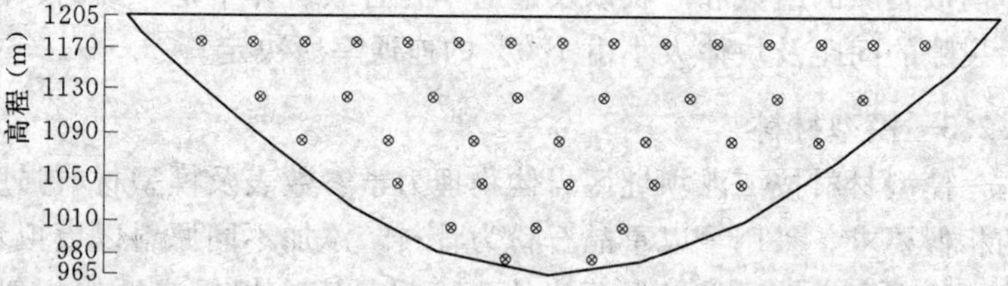

图 4.10　二滩模型试验千斤顶布置示意图

坏试验由 2.5P_0 起逐渐增值 0.5P_0～6.0P_0，坝体出现裂缝而终止加载。

2.2.5　测量仪器布置

试验的测量工作包括坝体的应力与变形，坝肩岩体变形和岩体内不连续结构面的相对应变等项，测量仪器布置情况如下：

（1）坝体应力：在坝体上下游面，各对称布置有 176 个应变片。应变花在拱冠梁及坝与岩体接触的周边处由 4 片应变片组成，其余应变花由 3 片应变片组成，按梅花形共布置了 52 个应变花。坝体内部 15 个梁向交错布置了 3 片应变片，亦按梅花形布置了 36 个应变花。

（2）坝顶变形及开裂：在坝体顶部上下游对称地布置有 30 个单片应变计，在 15 个梁向的顶部处布置。

（3）上游坝踵开裂：在坝踵处布有 6 个单片应变片，监测坝踵开裂。

上述测点应变花及应变片均与 UCAM—8C 型数字检测仪相连，以梁测各方向的应变值，经计算机处理后直接打印出各测点的原型应变值和应力值，从而既可获得坝体不同部位的应力，也可监测坝体的变形、破坏过程。

（4）坝体变形：在坝体下游面布置有 32 个变形测点，每个测点均布有径向和切向位移计（各 1 个），可测得不同部位测点的切向和径向绝对变形值，从而可计算出变形值和变形方向。每个位移计均与 UCAM—8C 相连，并经计算机处理后，直接打印出各测点的切向和径向的原型绝对变形值。

（5）坝肩岩体的变形：在左右岸坝肩分别布置有 15 和 19 个测点，每个测点均安装有横河向和顺河向位移计各 1 支（少数点因无法安装，则缺顺河向位移计），以监测坝肩岩体在不同荷载作用下各处的绝对变形值。

（6）裂隙岩体不同部位的相对应变：为监测坝肩岩体内不连续结构——断层和裂隙的相对应变值，以便分析岩体破坏的机制，分别在两岸 1010～1070m 高程附近布置有 33 个测点，每个测点贴有 1 片应变片测量相对应变值，并在右岸角闪石化玄武岩上布有 3 个内部位移计测点，分别测量其走向或倾向的相对变化值。

上述位移计与应变片均与 UCAM—8C 检测仪相连，经计算机处理后直接打印出各测点原型绝对或相对变形值或应变值，以便监测岩体内不同结构面的变形—开裂—破坏过程。

2.3　试验成果及分析

2.3.1　大坝变形

（1）坝体径向变形：在多次正常荷载（$1P_0$）的加载—卸载反复作用后，第 15 次试验实测的最大变形值为 158.16mm，位于拱冠梁顶部，由拱冠向两岸和向坝基逐渐减少拱冠梁两侧坝体变形大体对称，但两岸拱端处有变形差异，坝体顶部右拱端变形大于左拱端，分别为 13.52mm 和 3.55mm，且顶拱变形从中心向两侧的递减率也略有差异。

（2）坝体切向变形：正常荷载下，顶拱切向最大变形出现在右侧第 2 个测量梁上 C13 测点，测值为 150.34mm，向右坝肩变形；坝体切向最大变形出现在 1050m 高程右侧第 1 个测量梁上 C9 点，测值为 70.12mm，向右坝肩变形。其他测点切向变形方向无一致规律。

从上述坝体径向及切向变形看出，坝体总体变形向下游偏向有岸，与右坝肩岩体刚度较低有关；右拱端变形在 1130m 高程达到 13mm，左拱端 1090m 高程侧向变形达到 10.5mm，是地基刚度不足引起的结果，由于坝体过分扁平化引起侧向变形过大，导致大坝应力的安全度不足。

（3）大坝变形过程曲线表明在 $1P_0 \sim 1.5P_0$ 时出现非线性变形，此时大坝已经出现裂纹，之后在 $3P_0 \sim 5P_0$ 时，非线性变形增大，即 $6P_0$ 时变形出现滑移，整个大坝失去承载能力。

2.3.2　坝体应力

（1）上游面应力分布：正常荷载作用下，坝踵拉应力 0.4～0.7MPa。最大压应力区在坝体中心部位，出现在拱向的第 1 主压应力值为 8.9MPa，拱冠处 1050～1090m 高程处压应力最大，向两拱端逐步递减。

（2）下游面应力分布：拱向主压应力在拱冠达到－4.93MPa 最大压应力为－6.05MPa。由于坝踵开裂，使主拉应力有所增加，一般出现 2.0MPa 的拉应力。

由于坝基上游刚度大，下游刚度小，使应力分布受到影响。

2.3.3　坝体超载开裂

上游坝面在 $1.1P_0$～$1.2P_0$ 时坝踵处出现裂纹，由坝踵中心处逐渐向两侧扩展，最后形成沿建基面的拉裂缝，加载到 $2.0P_0$ 时，出现一些拱向裂纹，即由第二主拉应力开裂形成的裂纹。坝底部出现拱向裂纹，至 $5.0P_0$ 以上，沿上游建基面形成贯通性裂缝，导致坝体丧失承载能力。

下游坝面的裂缝和上游坝面裂缝近于正交，沿坝的梁向出现拉应力，在 $1.75P_0$ 时，坝踵中心出现梁向裂纹，至 $5.0P_0$ 时，坝踵中心处的梁向裂纹向上扩展；同时，在 1050m 高程以下出现多处梁向裂纹，坝中部裂纹扩展至 1030m 高程左右，至 $5.0P_0$ 时，该裂纹扩展成肉眼可见的裂缝，形成了大门打开似的裂缝，从而使坝体丧失承载能力。上、下游坝面裂缝分布如图 4.11 所示。

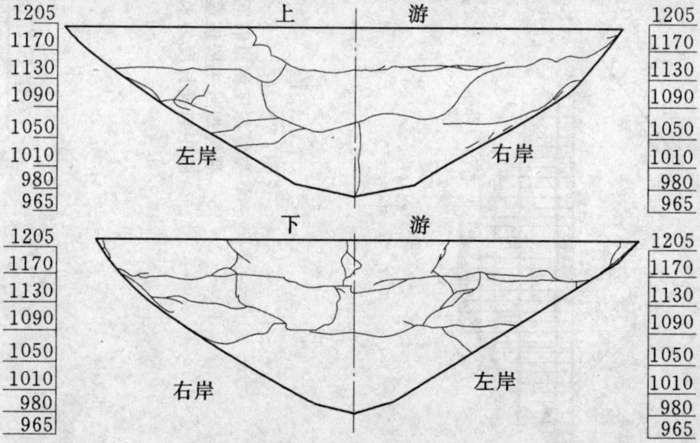

图 4.11　二滩双曲拱坝地质力学模型试验上下游坝面裂缝分布

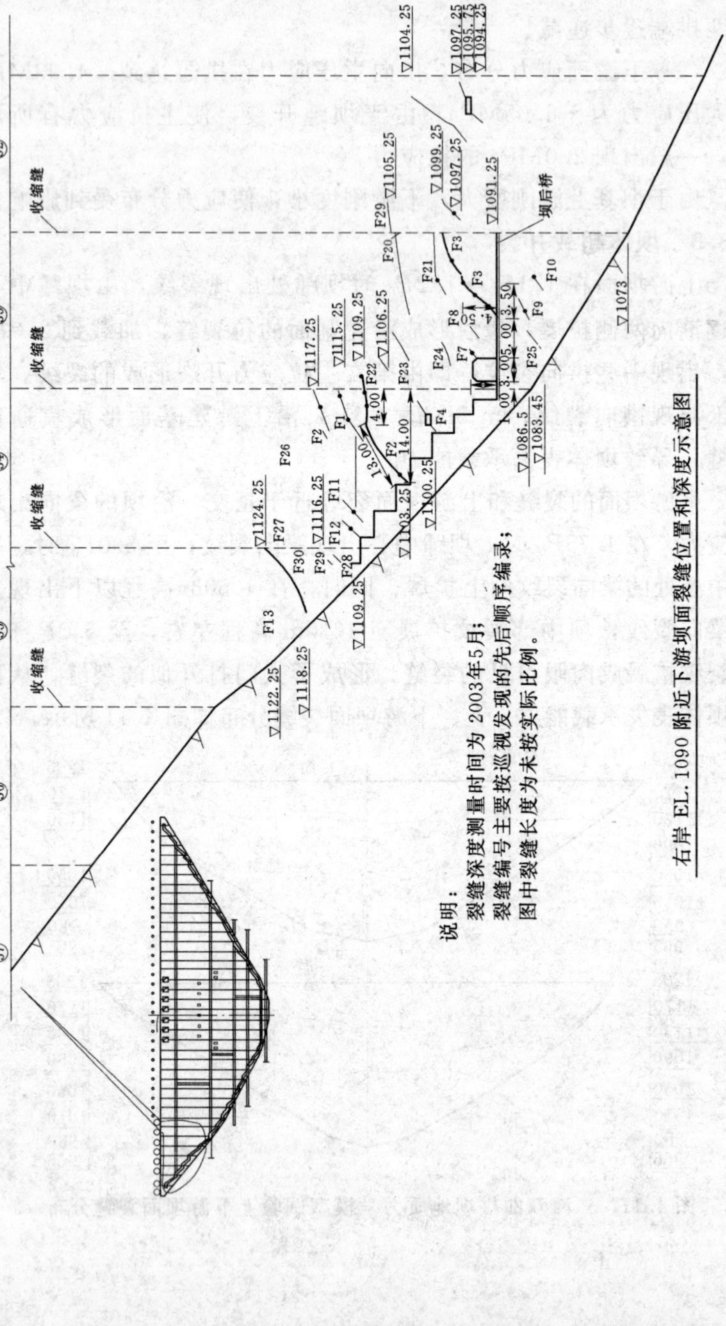

右岸 EL.1090 附近下游坝面裂缝位置和深度示意图

图 4.12 二滩双曲拱坝目前下游坝面裂缝分布（2004）

图 4.12 示出了在 2000～2005 年跟踪观测期间，大坝下游面右岸 32 号～35 号坝段开裂示意图，左岸目前也出现同右岸基本对称的裂缝，从实际开裂图可知，其开裂高程以及扩展方向与地质力学模型非常吻合。

2.3.4　坝肩岩体变形

坝肩电阻片布置及坝肩岩体开裂如图 4.13 所示。

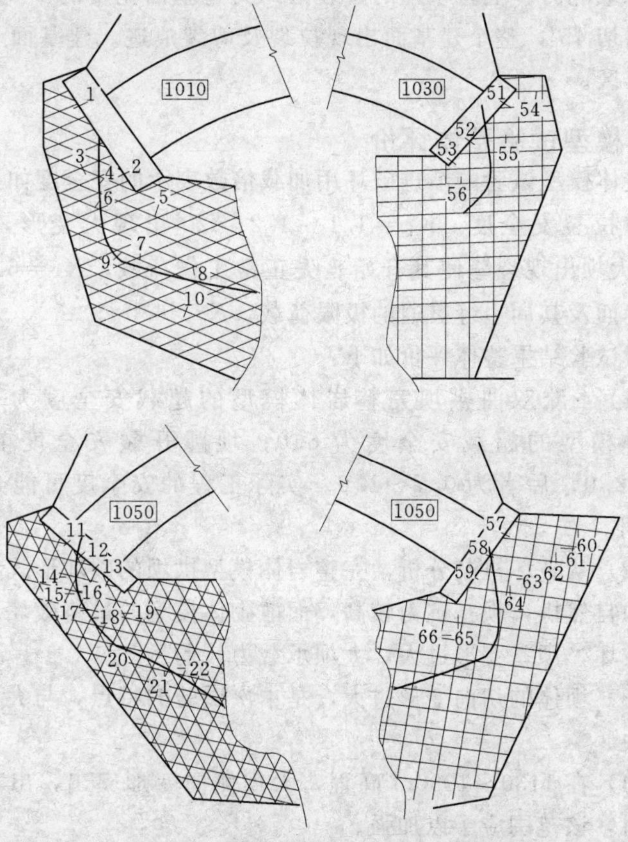

图 4.13　二滩双曲拱坝地质力学模型试验坝肩电阻片布置及岩体开裂示意图

2.3.5 拱坝建基面破坏

拱坝建基面由拱冠梁处向两岸方向逐渐扩展出现梁向裂纹，到 $5.0P_0 \sim 5.5P_0$ 时，几乎整个坝基均有裂纹，上游坝基在 1070m 高程以下出现贯通性裂缝，同时，坝体下游面开始出现贯通性拱向裂缝，上游坝面也开始出现非贯通性拱向裂纹。当施加 $6P_0$ 荷载时，部分千斤顶出现压力下降，表明坝体已经开始丧失承载能力。上游坝踵的拉裂区约为建基面宽度的 1/3，并向深度斜切 45°，整个建基面出现拉裂及剪裂痕迹。建基面下游出现压碎区。

2.4 模型试验整体评价

整体模型试验的渐进破坏用加载倍数表示的安全度如下：上游坝踵拉裂安全度，$K_1 = 1.1 \sim 1.2$；f20 出现大变形，$K_2 = 3.5$；大坝出现裂缝使其开始丧失正常工作荷载，$K_3 = 6.0$；大坝建基面及其周边缝贯通的极限荷载，$K_4 > 6.0$。

对试验结果整体评价如下：

(1) 二滩双曲拱坝完整岩体模型的超载安全度为 12.0；散砌体模型的超载安全度为 6.0；坝踵开裂安全度前者为 1.5～2.0，后者为 0.7～1.0。实际工程的安全度可能介于两者之间。

(2) 从破坏机制分析，完整岩体模型拱坝的破坏形式为最终形成的自然拱，坝基抗力较高，而散砌体模型的最终破坏形式为梁向破坏，坝基变形过大，大坝承载力较弱。

(3) 坝体的切向变形过大，是本次试验的特点，与大坝扁平化有关。

(4) 在 1130～1090m 高程，大坝侧向变形突出，出现向右岸偏斜，该范围应予以加强。

(5) 根据内部电阻片监测结果，1050～1030m 高程，在 $4.0P_0$ 荷载时，两岸坝肩出现裂纹形成的滑移体，应重视该部位的坝肩稳定和防渗。

第 3 节　溪洛渡双曲拱坝二次地质力学模型试验比较研究

3.1　工程概况

溪洛渡电站位于金沙江干流四川省雷波县，最大坝高 278m，上游正常蓄水位为 600m 高程，相应下游水位为 375.5m 高程。拱座及抗力体位于 X 线至 $Ⅱ_1$ 线约 500m 范围内，两岸谷坡陡峻，坡面完整，无冲沟分布，高程 420m 以下为 25°～30°缓坡，420～550m 高程为 70°～75°陡坡，550～610m 高程为 40°～50°中等坡度。抗力体部位岩体由 4～12 岩流层组成。在坝体 410m 高程以下的岩体有 1～5 层，且单层厚度较薄，层间层内错动带相对较为发育，每层一般厚度为 25～40m，上部为角砾熔岩，下部为玄武岩，其中玄武岩约占岩流层厚度的 70%；高程 410～510m 为 6 层，主要由 $P_2\beta_6$ 层斑状玄武岩组成，单层厚度较大，约 70m 左右，岩石坚硬，下部短粗状节理发育，上部岩体完整，中下部层内错动较发育；高程 510～610m 为 7～12 层，岩性以致密状玄武岩、含斑玄武岩为主，各岩流层顶部有少量玄武质角砾熔岩，单层厚度较薄，层间错动发育之特点，层内错动带相对发育较少，以 $P_2\beta_8$ 层较发育，分布于岩流层中下部。拱座抗力体内除上述岩性特点外，还存在 4 组裂隙，即 EW/S(N) ∠70°～85°、N40～60°W/SW（NE）∠70°～80°、N20°～30°W/SW（NE）∠70°～85°以及 N60°～80°E/SE（NW）∠65°～80°。图 4.14（见插页）所示为溪洛渡坝区横Ⅱ地质剖面图。

为了建造一个经济又安全的大坝，溪洛渡由可研方案出发，进一步将大坝建基面设计为优化方案。优化的结果可节省混凝土量，同时，由于挡水前沿减缩，故大坝承受的水荷载也相应减少，有可能增加坝肩的安全度，因此，对优化坝型的研究是很有意义的。不过，优化即浅挖引起建基面的地质强度和刚度弱化，对大坝的稳定和安全产生影响，应当改善加固。本次研究的目的在于，通过对两种体型的拱坝进行详细的模拟研究，研究各种层间错动带及层内错动带以及裂隙，分析大坝的浅挖影响，从而保证了浅挖方案的可靠性与稳定性，为新坝型建议可靠的处理措施。

3.2 地质力学模型试验的设计

3.2.1 模型试验的要求

依据设计研究院所提供的平切图、岩体及层间错动带、层内错动带、裂隙等结构及它们的各项力学指标，对坝体及其基础进行模型模拟，从而进行整体地质力学模型试验，并通过试验获得以下成果：拱坝坝体的变位和应力分布；坝肩岩体及层间错动带、层内错动带的变形及安全度；整体稳定及超载破坏试验下的破坏机制；探讨两岸岩体的稳定性及软弱部位。

在进行模型设计时，模型的几何比例尺、模型材料力学参数、荷载强度、模型的应力、应变和变形等各项参数，均需满足相似的要求。

3.2.2 模型比例尺的选用及模拟范围

溪洛渡地质力学模型试验是在清华大学水利系脆性组的钢筋结构试验槽中进行，依据工程的规模，本次模型比例尺选定为1∶250。依照试验相似律的要求和委托单位的需要，本次模型的模拟范围如下：

（1）上游实际模拟163m，约为0.6倍坝高。

（2）下游实际模拟780m，约为2.8倍坝高。

（3）坝体基础实际模拟230m，约为0.85倍坝高。

（4）两侧各模拟500m，约为1.8倍坝高。

3.2.3 地质条件的模拟

溪洛渡坝址区虽然没有断层构造，但含有大量的层间错动带及层内错动带以及裂隙构造，详见图4.14，故模型中需模拟相似的块体状结构，且裂隙的连通率也需相似。依据所提供的地质图，模拟各种地质特性及岩体结构面，试验成果的可靠程度，则取决于地质条件的再现程度，为此，做了如下的模拟工作。

坝区各类材料及模型材料的力学指标如表 4.7 所示。

表 4.7　　模型材料选用表

岩石质量	E_0（MPa）		μ	f	c（MPa）		胶：水	备注
	原型（$\times10^4$）	模型			原型	模型（$\times10^{-3}$）		
大坝混凝土	2.4	96	0.167		2.5	0.01		
Ⅱ	2.2	88	0.2	1.35	2.5	10	1：0.7	
$Ⅲ_1$	1.5	60	0.25	1.22	2.2	8.8	1：0.8	
$Ⅲ_2$	0.8	32	0.28	1.2	1.4	5.6	1：1.0	
$Ⅳ_1$	0.4	16	0.3	1.02	1.0	4	1：1.2	
$Ⅳ_2$	0.2	8	0.3	0.7	0.5	2	1：1.3	

在对基础岩体进行模拟的同时考虑软弱结构面的模拟：

（1）层间错动带。受模型尺寸的限制，经商定本次试验共模拟了层间错动带 4 层，即 C3、C7、C8、C9 等，其所在位置如图 4.26 所示，在坝轴上的走向、厚度及力学参数如表 4.8 所示。

（2）层内错动带。本次试验依据成勘院的要求，左右岸均模拟 Lc5、Lc6、Lc8，左岸由于 Lc8 与 C7 相隔太近，经与成都勘测设计研究院协商，这两层合并，各错动带均不穿层。其产状、力学特性如表 4.8 所示，且均按平切图所示的风化范围模拟。

裂隙的模拟，坝区玄武岩岩体裂隙较发育，但都较短小，主要受层间、层内错动带限制，走向较分散，分布与岩性和构造部位有关，本次主要模拟了两组裂隙：一组裂隙为 N20°～30°W/SW（NE）∠70°～85°，该组裂隙对左坝肩稳定不利。另一组裂隙为 N60°～80°E/SE（NW）∠65°～85°。实际

表 4.8 主要层内、层间错动带的产状、走向

	名称	产状	厚度 原型(cm)	厚度 模型(cm)	E (GPa) 原型	E (GPa) 模型	起点坐标(模型) X (cm)	起点坐标(模型) 高程 (m)	f 原型	f 模型	c (kg/cm²) 原型	c (kg/cm²) 模型 (×10⁻³)	纸及胶	备注 (cm)
右岸	C3	N24°E，SE∠5°	50	0.2	0.8～1			▽340	0.5	0.5	1.7	7	上下层分别夹1张牛皮纸	
	Lc5	N35°E，SE∠9°	60	0.24	0.3～0.6		26	▽390	0.35	0.35	0.5	2	上下层分别夹1张牛皮纸＋电光纸	强风化(＜28)
			60	0.24					0.44	0.44	1.0	4	上下层分别夹1张电光纸	弱风化(＞28)
	Lc6	N35°E，SE∠9°	60	0.24	0.8～1		46	▽422	0.43	0.43	0.8	3	上下层分别夹1张电光纸	强风化(＜16)
									0.44	0.44	1.0	4		弱风化(＞16)
	C7	N20°E，SE∠4°	60	0.24	0.8～1		64.5	▽500	0.43	0.43	0.8	3	上下层分别夹1张电光纸	强风化(＜6)
			60	0.24					0.55	0.55	2.5	10	上下层分别夹2张单面黄纸	弱风化(＞6)
	Lc8	N30°E，SE∠8°	60	0.24	0.8～1		66	▽513	0.43	0.43	0.8	3	上下层分别夹1张电光纸	强风化(＜16)
			60	0.24					0.44	0.44	1.0	4	上下层分别夹1张电光纸	弱风化(＞16)
	C8	N30°E，SE∠4°	50	0.2	0.8～1		76	▽545.5	0.43	0.43	0.8	3	上下层分别夹1张电光纸	强风化(＜22)
			50	0.2					0.44	0.44	1.0	4	上下层分别夹1张电光纸	弱风化(＞22)
	C9	N24°E，SE∠4°	50	0.2	0.8～1		92	▽570	0.35	0.35	0.5	2	上下层分别夹1张牛皮纸＋电光纸	强风化(＜23)
			50	0.2					0.4	0.4	0.7	3	两层白报纸	弱风化(＞23)

续表

	名称	产状	厚度		E (GPa)		起点坐标（模型）		f		c (kg/cm²)		纸及胶	备注 (cm)
			原型 (cm)	模型 (cm)	原型	模型	X (cm)	高程 (m)	原型	模型	原型	模型 ($\times 10^{-3}$)		
左岸	C3	N24°E,SE∠5°	50	0.2	0.8～1			▽345	0.5	0.5	1.7	7	上下层分别夹 1 张牛皮纸	
	Lc5	N35°E,SE∠5°	60	0.24	0.8～1		21.5	▽375	0.43	0.43	0.8	3	上下层分别夹 1 张电光纸	强风化(<28)
			60	0.24					0.44	0.44	1.0	4	上下层分别夹 1 张电光纸	弱风化(>28)
	Lc6	N35°E,SE∠9°		0.24			65.5	▽418	0.35	0.35	0.5	2	上下层分别夹 1 张电光纸+牛皮纸	强风化(<20)
			60		0.8～1				0.4	0.4	0.7	3	两层白报纸	弱风化(>20)
			60	0.24					0.43	0.43	0.8	3	上下层分别夹 1 张电光纸	强风化(<20)
									0.44	0.44	1.0	4	上下层分别夹 1 张电光纸	弱风化(>20)
	C7	N20°E,SE∠5°	60	0.24	0.8～1		83	▽480	0.55	0.55	2.5	10	上下层分别夹 2 张单面黄纸	
	Lc8	N30°E,SE∠9°		0.24			84	▽487.5	0.35	0.35	0.5	2	上下层分别夹 1 张牛皮纸+电光纸	强风化(<16)
			60		0.8～1				0.40	0.40	0.7	3	两层白报纸	弱风化(>16)
			60	0.24					0.43	0.43	0.8	3	上下层分别夹 1 张电光纸	强风化(<16)
									0.44	0.44	1.0	4	上下层分别夹 1 张电光纸	弱风化(>16)
	C8	N30°E,SE∠5°	50	0.2	0.8～1		89	▽522	0.35	0.35	0.5	2	上下层分别夹 1 张牛皮纸+电光纸	强风化(<16)
			50	0.2					0.44	0.44	1.0	4	上下层分别夹 1 张电光纸	弱风化(>16)
	C9	N24°E,SE∠5°	50	0.2	0.8～1		92	▽545	0.35	0.35	0.5	2	上下层分别夹 1 张牛皮纸+电光纸	强风化(<19.2)
			50	0.2					0.40	0.40	0.7	3	两层白报纸	弱风化(>19.2)

注　I_2 线上游（即 $y<42$cm）；I_2 线下游（即 $y>42$cm）；I_{11} 线上游（即 $y<42$cm）；I_{11} 线下游（即 $y>42$cm）。

模型中，按左岸 N25°W/SW（NE）∠78°、右岸 N70°E/SE（NW）∠71°模拟。裂隙的连通率，微新岩体内为 25%，弱风化下段岩体内为 30%，弱风化上段内为 35%。其连通率如表 4.9 所示。

表 4.9　裂隙连通率建议值　单位：%

设计阶段	裂隙连通率建议值							
	Ⅱ		$Ⅲ_1$		$Ⅲ_2$		$Ⅳ_1$	
	左岸	右岸	左岸	右岸	左岸	右岸	左岸	右岸
可研阶段	12	15	15	20	15	20	15	20
优化设计	12	15	15	20	15	20	15	20
浮值计算	12	15	15	20	20	25	25	30

3.2.4　体型模拟

为研究溪洛渡合理建基面的设计是否满足规范要求，对溪洛渡拱坝的优化方案浅嵌和可研方案深嵌体型分别进行模型试验，两种体型的基本参数分别如表 4.10 和表 4.11 所示。试验结果分别从变形、应力和破坏过程进行整体评价。

表 4.10　可研方案双曲拱坝体型参数

高程(m)	拱厚（m）			中心角（°）		拱端上游点X坐标		拱端下游点X坐标	
	左岸	拱冠	右岸	左岸	右岸	左岸	右岸	左岸	右岸
610	18.10	14.00	18.30	46.24	47.30	300.08	312.45	287.00	299.00
590	24.20	20.97	24.15	46.53	46.83	294.56	299.61	277.00	282.00
⋮									
360	74.90	68.51	75.25	30.10	32.30	140.56	157.21	103.00	117.00
332	75.70	69.00	75.70	14.30	13.14	58.70	71.21	40.00	54.00

表 4.11　优化方案双曲拱坝体型参数

高程（m）	拱厚（m）			中心角（°）		拱端上游点 X 坐标		拱端下游点 X 坐标	
	左岸	拱冠	右岸	左岸	右岸	左岸	右岸	左岸	右岸
610	18.00	14.00	18.50	45.76	46.35	290.90	278.00	308.38	295.00
590	26.30	20.83	27.00	46.17	46.60	282.97	264.00	297.61	278.00
⋮									
332	64.00	60.00	64.00	0.00	0.00	0.00	0.00	0.00	0.00

3.3　结果分析

3.3.1　坝体的变形比较

经过试验在正常水荷载的作用下，可研方案坝体顺河向及横河向变形分别如表 4.12 和表 4.13 所示。

表 4.12　可研方案坝体下游面水荷载下顺河向变形　　单位：mm

高程（m）	近右拱端	右拱	拱冠	左拱	近左拱端
607	5.1	93	105	80	5.5
555		80	104	87	
515		69	105	69	
490	12.0				10.0
435		45	85	45	
360	24				26.0
336			38		

表 4.13　可研方案坝体下游面水荷载下横河向变形　　单位：mm

高程（m）	近右拱端	右拱	拱冠	左拱	近左拱端
607	向山里 5.0	向右 5.3	向左 1.1	向右 8.2	向山里 9.5
555		向右 8.1	向右 5.7	向右 7.0	
515		向左 13.0	向左 3.8	向右 4.5	
490	向河谷 2.6				向山里 8.4
435		向左 7.5	向左 16.8	向左 8.7	
360	向河谷 8.0				向山里 10.0
336			向右 1.8		

经过试验在正常水荷载的作用下，优化方案坝体顺河向及横河向变形分别见表 4.14 和表 4.15。

表 4.14 优化方案坝体下游面水荷载下顺横河向变形 单位：mm

高程（m）	近右拱端	右 拱	拱 冠	左 拱	近左拱端
607	4.83	89.76	103.4	79.9	4.31
555	5.09	102.8	104.6	50.04	1.51
515		61.76	81.95	58.76	
490	9.06				3.6
435		23.8	56.92	26.07	
380	13.56		51.48		18.9
345			13.31		

表 4.15 优化方案坝体下游面水荷载下横河向变形 单位：mm

高程（m）	近右拱端	右 拱	拱 冠	左 拱	近左拱端
607	向山里 9.5	向右 21.7	向右 13.83	向右 4.21	向山里 15
555	向山里 5.72	向右 11.76	向右 7.02	向右 1.3	向山里 5.51
515		向右 19.03	向右 0.34	向右 9.17	
490	向山里 14.28				向山里 0.45
435		向右 6.72	向右 0.48	向左 0.22	
360	向山里 0.21		向右 4.2		向河谷 1.52
336			向右 8.64		

由以上表 4.12～表 4.15 可知，大坝顺河向（*Y* 向）变形，在正常荷载下，大坝顺河向最大变形在拱冠顶端，优化方案顺河向最大变形小于可研方案。对于横河向变形优化方案，在上部高程比可研方案大，而在中下部高程则优化方案较可研方案优。由表 4.12～表 4.15 也可知，大坝右拱梁变形大于

左拱梁，由于地基内夹有多层岩流层，且层间（内）错动发育，因此地基刚度较弱，所以相对来说下半部拱端变形相对偏大。

3.3.2　坝体的应力分布比较

在正常水载作用下坝体上下游面应力分布基本上符合一般双曲拱坝的分布规律，下游面按主压应力轨迹线按自然拱辐射，上游面主拉轨迹线应力与下游面共轭。但在与层间（内）错动带交接部位，应力方向有些变化，可研方案和优化方案大坝上下游面应力分布图分别见图 4.15、图 4.16 及表 4.16。

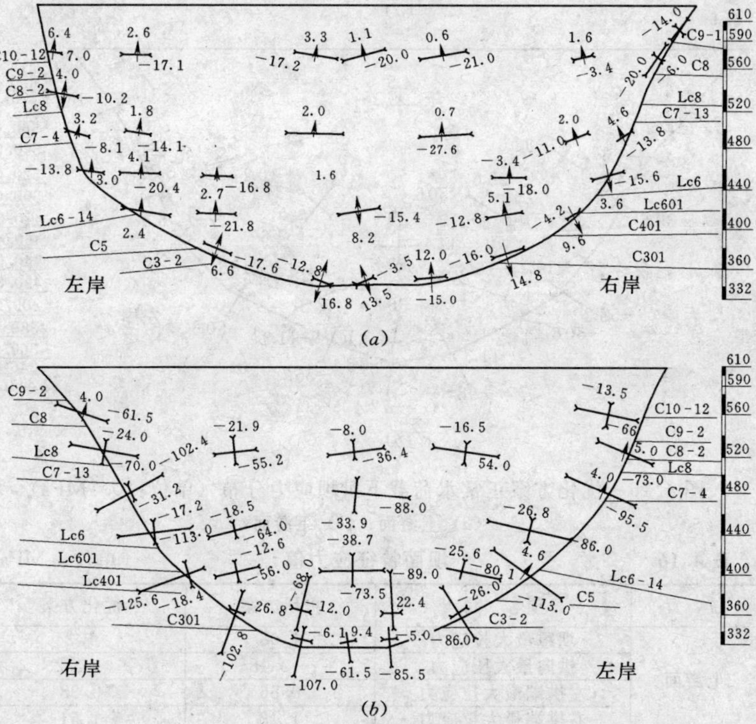

图 4.15　可研方案正常水荷载下拱坝应力分布（单位：0.1MPa）

（*a*）上游面；（*b*）下游面

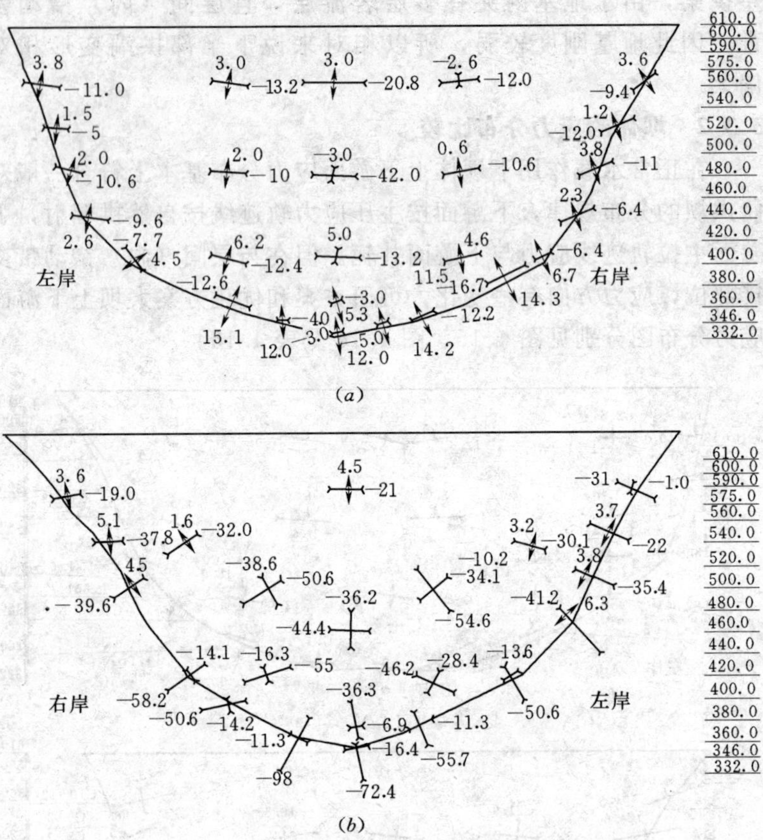

图 4.16　优化方案正常水荷载下拱坝应力分布（单位：0.1MPa）
(*a*) 上游面；(*b*) 下游面

表 4.16　　坝面特征应力值　　单位：MPa

位　置	项　　目	可研方案	优化方案
上游面	坝踵最大拉应力	1.68	1.2
	拱向最大压应力	－3.18	－4.2
	左拱端最大拉应力	0.66	0.38
	右拱端最大拉应力	1.48	1.51
下游面	坝址最大压应力	－10.7	1.43
	梁向最小应力	0.94	0.32
	左拱端最大压应力	－11.3	－5.57
	右拱端最大压应力	－12.56	－9.8

由图 4.15、图 4.16 及表 4.16 可见，在水载作用下，可研方案下游面最大主压应力为－12.56MPa，上游面最大拉应力为 1.68MPa，下游面出现拉应力部位最终破坏时都出现裂缝。优化方案下游面最大主压应力为 9.8MPa，上游面坝踵最大拉应力为 1.2MPa，下游面出现拉应力部位最终破坏时都出现裂缝。

3.3.3　大坝上下游面开裂破坏比较

可研方案和优化方案的大坝上下面最后破坏图分别如图 4.17 和图 4.18 所示。两体型下游面开裂破坏过程描述见表 4.17。

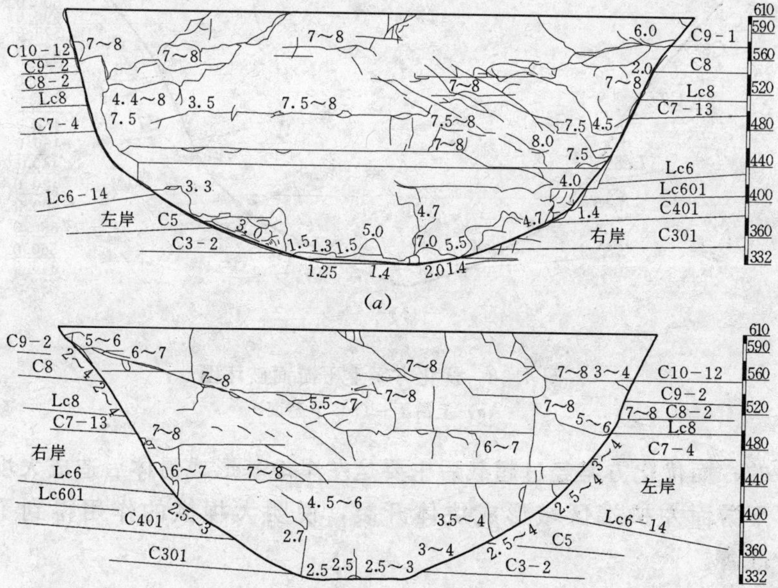

图 4.17　可研方案上下游面破坏图

(a) 上游面；(b) 下游面

从两种体型的破坏模式可看出，可研方案经过超载试验后大坝的破坏主要是大坝拱的作用不够，大坝厚度及曲率不协调造成

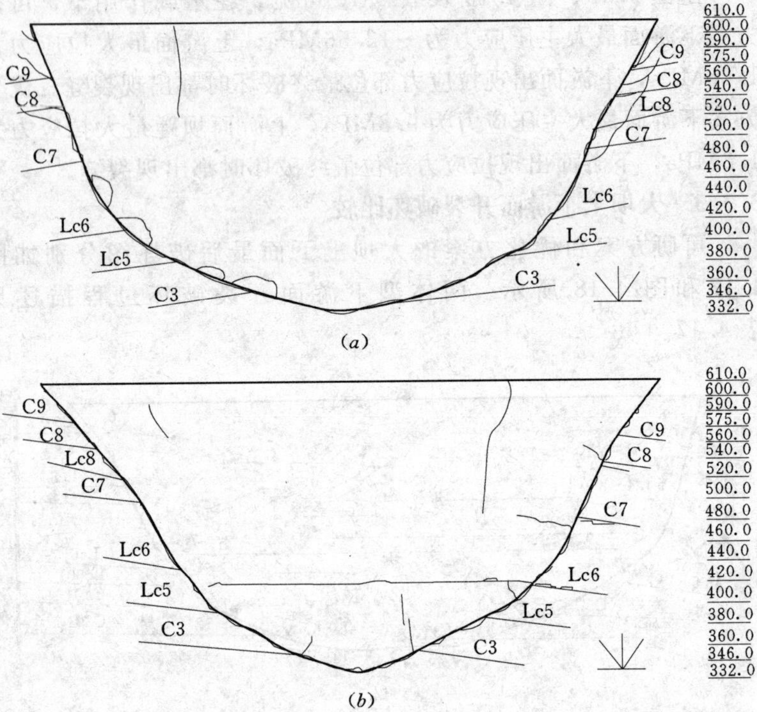

图 4.18　优化方案上下游面破坏图
(*a*) 上游面；(*b*) 下游面

的；而优化方案经过超载后主要是左岸地基形成滑体后造成大坝下游面左拱端区域形成块体开裂，说明大坝拱的作用得到了改善。

3.3.4　左右岸基础破坏比较

可研方案的左右岸基础破坏图如图 4.19 所示，优化方案的左右岸基础破坏图如 4.20 所示。两者破坏的主要区别如下：

(1) 坝基整体开裂优化方案和可研方案相比，地基承载能力的安全度及变形有相似之处。

(2) 优化方案左岸在接近极限荷载的破坏形态，主要由以

表 4.17　优化方案与可研方案大坝下游面开裂破坏比较

优化方案	可研方案
$1P_0$ 正常荷载下无开裂，大坝及两坝肩无开裂及屈服区	上游偏左侧坝踵在 $1.25P_0$ 时（P_0 为正常水载）开始起裂，并逐渐向右延伸，荷载到 $2.0P_0$ 时，上游河床部位坝踵已基本全开裂，但深度不大，未贯穿至下游
$2P_0$ 上游坝踵开裂，下游面未出现开裂。$3P_0$ 非线性，下游面坝趾建基面和左岸 346m 高程出现开裂，并沿梁向扩展	当荷载加到 $2.5P_0$～$3.0P_0$ 时，下游坝址开始起裂，虽向左右两侧延伸，但并不向上部扩展，拱的作用仍然保持
$4P_0$ 裂纹扩展，下游面在 $3P_0$ 时出现的裂纹继续沿原来路径扩展，在左岸 400m 高程附近的建基面出现新的垂直建基面的裂纹	当荷载加到 $3P_0$ 以上，上游左岸与层间（内）错动带交汇处的拱端已基本开裂，在这些部位左岸比右岸早开裂。当荷载加至 3.5～$4.5P_0$ 时，下游面 400m 高程以下已形成几条竖裂缝，下半部拱的作用已大大削弱，上游面沿周边也已先后破坏
$5P_0$ 裂纹扩展，下游面在 $4P_0$ 时出现的裂纹受到抑制，在 420m 高程出现新的径向裂纹，开裂方向沿径向向建基面扩展，在左岸 420m 高程出现新的垂直建基面的裂纹。$6P_0$ 裂纹扩展，坝下游面裂纹稳定扩展，在右岸 400m 高程以下出现沿建基面的裂纹开裂，结构出现不稳定	荷载加至 $5P_0$～$6P_0$ 时，下游面左拱端大量破坏，同部位的上游拱端也破坏，形成右岸拉裂左岸压坏的趋势
$7P_0$～$8.5P_0$ 极限荷载，结构迅速大变形，在 420m 高程出现的径向裂纹沿坝面贯通，左右岸沿建基面和下游拱间槽出现多条裂纹，大坝丧失承载能力	荷载加至 $8P_0$ 时，上游及下游断开，整个大坝丧失承载能力。此时，模型的上游坝踵处已向下游变形 2.0cm 以上（相当于原型 5m 以上）

Lc6 为底滑面的上部大滑体和以 C3 为底滑面下部小滑体构成最终的破坏形态；而可研方案左岸因大坝下部较厚，在接近极限荷

载时只有以 Lc6 为底滑面的上部大滑体。

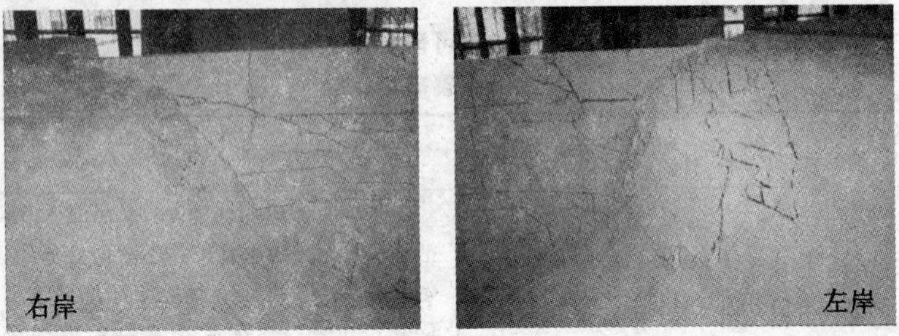

图 4.19　可研方案左右岸岩体最终实际开裂示意图

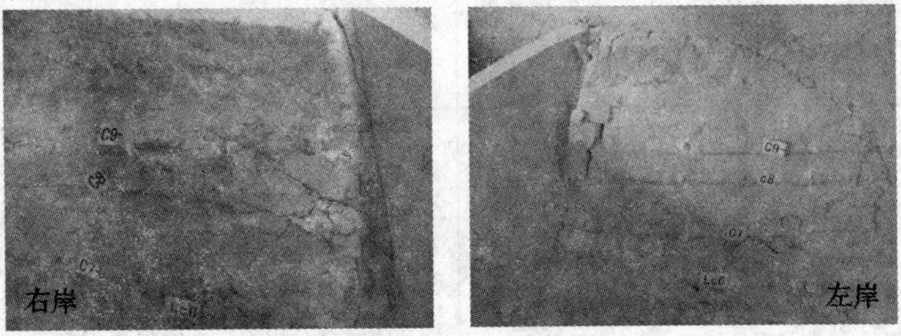

图 4.20　优化方案左右岸岩体最终实际开裂示意图

(3) 优化方案右岸在接近极限荷载的破坏形态主要集中在中上部高程，以松动破坏为主；而可研方案右岸在接近极限荷载时未见有明显的松动破坏，只是形成一组与右岸 N60°～80°E/SE(NW)∠65°～85°裂隙相垂直的近坝轴线方向的裂缝。

(4) 对于可研方案，由于建基面岩体具有较强的刚度，故在极限荷载下，大坝破坏呈小块状；而优化方案 XLD03 体型的建基面外移，刚度相对较弱，故在极限荷载下大坝破坏比较完整。

3.4　两次试验整体稳定评价

本次所进行的溪洛渡拱坝地质力学模型试验，是在未进行任何基础处理的条件下进行的，模拟了有代表性的层间（内）错动带，模拟了两组影响坝肩稳定的节理裂隙。经超载试验，得出以下结论：

（1）模型试验说明优化方案是可行的。

（2）超载试验时，先是 $K_1=1.8\sim2.0P_0$，上游坝踵开裂，开裂范围较可研方案为优，此时大坝上游开裂区很小，底面的开裂是稳定的。

（3）超载过程显示 $K_2=4.5P_0$，超载极限荷载约为 $8.5P_0$，这说明优化方案由于前沿荷载小，极限超载能力仍很强。

（4）基础破坏形态为开裂型，在极限荷载前并没有大的滑块出现，各岩流层，未构成大滑体的边界。在接近极限荷载时，左岸出现以 Lc6 为底滑面的上部大滑体和以 C3 为底滑面下部小滑体，右岸为松动开裂破坏。

（5）拱坝上游坝踵及下游第二主拉应力开裂应引起注意，基础处理设计应注意提高建基面刚度，特别是加强对左岸 Lc6 的置换加固处理以及 Lc6 与 C3 之间岩体的整体锚索锚固处理。

（6）对于可研方案，由于建基面岩体具有较强的刚度，故在极限荷载下，大坝破坏呈小块状；而优化方案的建基面外移，刚度相对较弱，故在极限荷载下大坝破坏比较完整。

第 4 节　锦屏双曲拱坝三次地质模型试验研究

4.1　工程概况

锦屏一级水电站位于四川雅砻江中游，坝高 305m(1885～1580m)，为雅砻江中下游河段的龙头水库电站。设计装机容量 3300MW，水库库容 77.7 亿 m^3，电站保证出力 1109MW，年均发电量 162.87 亿 kW·h。该坝址的特点为库容大，淹没损失小，对下游梯级电站补偿效益巨大。该坝址河道顺直而狭窄，河流流向 N15°E，两岸基岩裸露，岩壁耸立，为典型的深切 V 形峡谷，高程 1810m 以下，坡度 70°～90°，以上一般为 40°～50°。该坝址宽高比小于 2.0，是理想的拱坝坝址。坝型选用混凝土抛物线型双曲拱坝。

地层岩性主要为大理岩，分为 8 层，河床沉积岩 30～40m，中间有细砂层，如图 4.21 所示。大理岩与砂板岩都呈层状体，但前者为坚硬岩层，后者板岩是软岩。坝址岩体一般很强，但岩层较复杂，右岸岩体倾向河床，左岸有深拉裂隙带，属软弱带，同时两岸坝肩均有几条断层，不利于稳定。整个坝址主要地质结构问题如下：

（1）断层：左岸岩体内有 f5、f8 断层，在 1730m 高程以上过坝，坝址下游区合并，伸向河床，为坝肩稳定的不利因素；右岸岩体内有 f13 断层，在顶拱附近过坝，f14 断层在 1770m 高程附近过坝，坝址下游区伸入山体内部。

（2）X 煌斑岩脉：位于左坝肩，影响了坝肩稳定。

低波速带：出现在左岸岩体内，其变形模量较低，考虑为 IV_2 类岩体。

（3）层间挤压带：坝址左岸层间挤压带较发育，尤其在 1650～1800m 高程之间的 $T_{2-3Z}^{2(6)}$ 层状角砾岩及条带状大理岩（局部夹绿片岩透镜体）中更为发育。层间挤压带亦是影响左岸坝肩稳定的一个重要的边界条件。

（4）深部裂隙：在普斯罗沟坝址左岸勘探过程中，岸坡一定水平深度内陆续揭露出一系列规模不等的裂缝和裂隙松弛带。深部裂缝发育段岩体较破碎较松弛，深部裂缝无风化，且全部干燥。深裂缝在岩体分级及地质图上反映的是 IV_2 及 V_1 拉裂松弛岩体。

本节主要分析三次锦屏拱坝模型试验的结果（三次的具体体型参数分别见下节），具体研究内容如下：

（1）研究大坝及基础的模型材料及模型砌筑方式，分析在正常荷载作用之下，大坝及基础的受力及变形特性；模拟在超载作

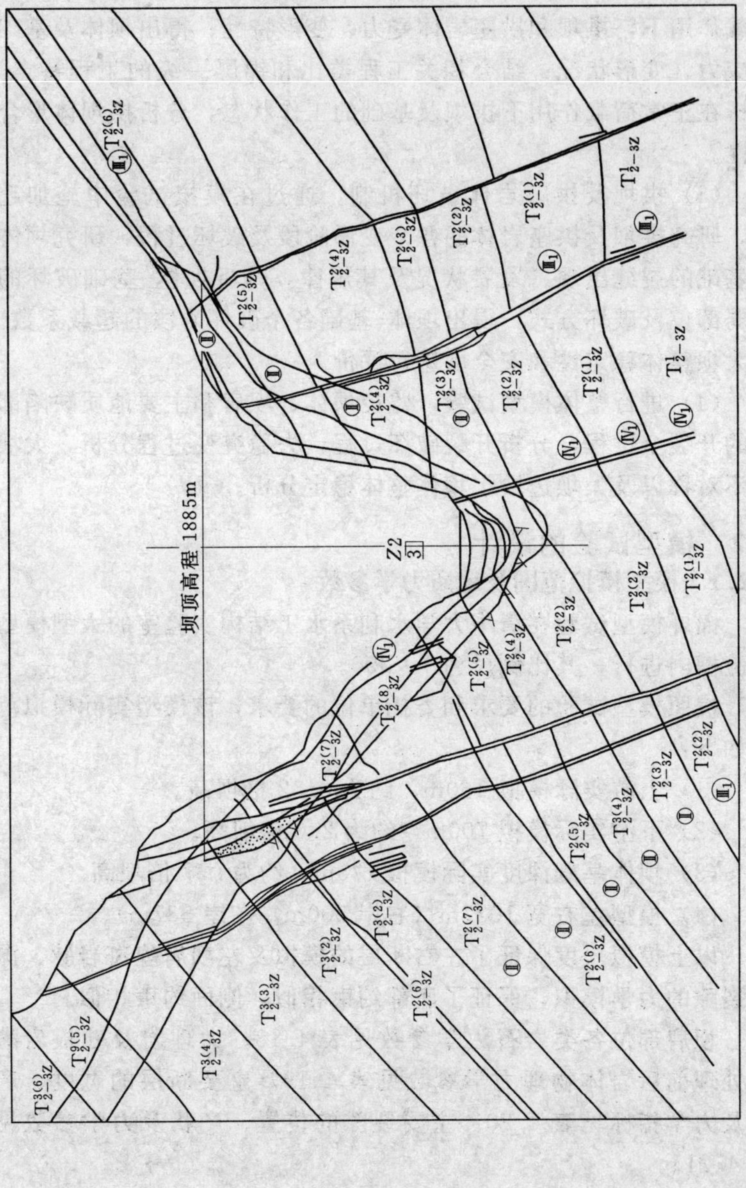

图 4.21　锦屏拱坝坝轴线展开图

用下，大坝及基础的破坏特性。

(2) 拱坝坝体及坝肩岩体受力及变形特性分析。研究正常水荷载作用下，拱坝和拱座岩体受力、变形特性；得出坝体及基础的应力、变形状况；结合相关工程类比和锦屏一级的工程特点，分析在正常荷载作用下拱坝及基础的工作状态，分析拱坝体形合理性。

(3) 拱坝及拱座岩体破坏机制。通过在模拟试验中施加超载，研究拱坝及拱座岩体的各个变形阶段及破坏过程，研究坝体及基础的裂缝出现、发展状况及其规律，分析坝体-基础破坏的薄弱部位及破坏方式，得出坝体-基础各个破坏阶段的超载系数。对大坝整体稳定性和安全度进行评价。

(4) 进行整体模型试验，监控坝体、坝肩和主要地质缺陷部位的开裂全过程，分析开裂破坏过程，失稳突变过程分析，大坝的不对称以及大坝边坡、坝体整体稳定分析。

4.2 模型试验的设计

4.2.1 模型模拟范围及地质力学参数

锦屏模型试验在清华大学水利系水工结构实验室的大型模型试验槽内进行，其比例尺为 1∶250。

按照模型试验的要求和委托单位的要求，该模型实际模拟范围如下：

(1) 上游实际模拟 160m，约为 0.52 倍坝高。

(2) 下游实际模拟 700m，约为 2.0 倍坝高。

(3) 坝体基础深度实际模拟 175m，约为 .57 倍坝高。

(4) 模型左右宽 1037m（右岸 500m，左岸 537m）。

以上模拟尺度保证了左右断层的模拟及左坝肩煌斑岩脉、深部裂隙的力学模拟，保证了底部约束相似，侧面约束相似。

坝肩部位各类岩石力学参数见表 4.18。大理岩及砂板岩灌浆处理前后岩体物理力学参数见表 4.19。主要断层的宽度、产状及力学指标见表 4.20。主要裂隙的位置、产状及力学参数见表 4.21。

表 4.18　坝肩部位各类岩体力学参数

岩石质量		E_0 (MPa)		f		c (MPa)		μ	胶：水
		原型($\times10^3$)	模型	原型	模型	原型	模型		
Ⅱ		23～31	120	1.35	1.35	2	0.008	0.25	1：1.4
Ⅲ	III_1	9.2～14.6	59	1.07	1.07	1.5	0.006	0.25	1：1.6
	III_2	6.4～10.2	41	1.02	1.02	0.9	0.0036	0.28	1：1.8
Ⅳ	IV_1	2.56～1.64	11	0.8	0.8	0.8	0.003	0.3	1：1.9
	IV_2	1.4～2.4	10	0.65	0.65	0.5	0.002		1：2.2
	IV_2 加固	4～8	32						
Ⅴ		0.37～0.82	3.2	0.2	0.2	0.02	0	>0.3	

表 4.19　大理岩及砂板岩灌浆处理前后岩体物理力学参数

内容		III_1 变形模量 (MPa)		III_2 变形模量 (MPa)		IV_2 变形模量 (MPa)	
		原型($\times10^3$)	模型	原型($\times10^3$)	模型	原型($\times10^3$)	模型
大理岩	灌前	9.2～14.6	60	7～12.5	40	1.5～3.0	10
	灌后	10.0～17.0	70	8.5～15.0	48	3.2～7.4	22
砂板岩	灌前	8～13	42	2.6～6.5	20	1.5～4	12
	灌后	9.0～12.0	48	5.0～8.0	24	2.5～4.5	16

模型相似要求同前面所列，模型试验砌置后模型如图 4.22 所示。

图 4.22　大型模型试验槽及地质力学模型

4.2.2 拱坝体型模拟

三次试验体型都为抛物线型双曲拱坝，其体型参数分别如下：第一次模型试验为未加固处理试验，其体型为抛物线型双曲拱坝，其体型参数如表 4.22 所示。拱坝轴线方位角为 NE28°。

第二次模型试验为减薄坝体并处理试验，其左岸主要岩脉、断层处理图如图 4.23 和图 4.24 所示，其体型为抛物线型双曲拱坝，加固后体型参数见表 4.23。拱坝轴线方位角为 NE28°。

表 4.20　主要断层的宽度、产状及力学指标

编号	产状	计算宽度 原型 (m)	计算宽度 模型 (cm)	E_0 (MPa) 原型 (×10³)	E_0 (MPa) 模型	f 原型	f 模型	c (MPa) 原型	c (MPa) 模型	(胶∶水)或纸
新鲜X	N54°E/SE70°	3.0	1.2	6.5	26	0.8～1.0	0.9	0.64	0.003	1∶18
风化X				3.0	12	0.55～0.65	0.6	0.45	0.002	1∶2.0
f5 天然大理岩	N37°E/SE75°	1.0	0.4	0.4	1.6	0.4	0.4	0.02	0	一张电光纸加一张牛皮纸
f5 砂板岩		6.0	2.4	0.4	1.6	0.4	0.4	0.02	0	
f5 加固Ⅱ类						1.1～1.3	1.2	1.1～1.3	0.005	1∶0.4
f5 加固Ⅲ类						0.9～1.1	1.0	0.7～1.1	0.004	1∶0.6
f2	N37°E/NW56°	0.5	0.2	0.4	1.6	0.34	0.34	0.02	0	一张电光纸加一张牛皮纸
F1	N65°E/SE75°	6.0	2.4	0.4	1.6	0.34	0.34	0.02	0	
挤压带 g		0.3	0.12	0.4	1.6	0.34	0.34	0.02	0	
f13	N55°E/SE70°	0.6	0.24	0.8	3.2	0.34	0.34	0.02	0	
f14 天然	N52°E/SE66°	0.5	0.2	0.5	2.0	0.34	0.34	0.02	0	
f14 处理		0.5	0.2	2.0	8.0	0.34	0.34	0.02	0	
SL44-1	SN-N20°W/E55°-60°	10～15	5	2	8	0.45	0.45	0.1	0.0004	一张电光纸
f42-9	EW/SL40°-60°	0.3～1.0	0.28	0.4	1.6	0.3	0.3	0.02	0	两张电光纸

表 4.21　主要裂隙的产状及力学指标

位置	编　号	产　状	f		c (MPa)		(胶:水)或纸
			原型	模型	原型	模型	
右岸	$T_{2-3z}^{2(4)}$层上下层面绿片岩	N45°E/NW36°					
	第Ⅰ组近 SN 向陡裂隙	SN/90°（顺水流）	0.7	0.7	0.15	0.0006	1∶1.1
	第Ⅱ组陡倾裂隙	N63°W/90°垂直水流					
左岸	NE 向卸荷裂隙带	N40°E/SE56°	0.7	0.7	0.15	0.0006	1∶1.2
	$T_{2-3z}^{2(6)}$中顺层挤压带	N20°E/NW40°	0.34	0.34	0.02	0	一张电光纸加一张牛皮纸

表 4.22　锦屏拱坝双曲坝体体型参数（原型）

高程(m)	拱冠梁 Y_c(m)	拱冠厚度(m)	右岸拱端				左岸拱端			
			拱端厚(m)	中心角	弦长 X_r(m)	拱冠曲率半径 R_σ	拱端厚(m)	中心角	弦长 X_l(m)	拱冠曲率半径 R_σ
1580	299	72	72	0	0	108	72	0	0	100
⋮										
1870	296.24	20.06	27	44.34	237.42	243	24.2	42.73	252.2	273
1885	293	14	18	45.04	257.36	257	17	42.07	257.68	285.5

表 4.23　锦屏拱坝双曲坝体体型参数（加固后）

高程(m)	拱冠梁 Y_c(m)	拱冠厚度(m)	右岸拱端				左岸拱端			
			拱端厚(m)	中心角	弦长 X_r(m)	拱冠曲率半径 R_σ	拱端厚(m)	中心角	弦长 X_l(m)	拱冠曲率半径 R_σ
1580	303	58	58	0	0	107	58	0	0	100
⋮										
1870	296.78	18.26	24	46.44	198.99	197.5	23.5	47.05	254.59	237
1885	293.5	13	15.5	46.84	226.64	212.5	16.5	46.51	261.97	248.5

表 4.24　深化方案 6 抛物线双曲拱坝体型参数表

高程(m)	拱冠梁 Y_c(m)	拱冠厚度(m)	右岸拱端				左岸拱端			
			拱端厚(m)	中心角	弦长 X_r(m)	拱冠曲率半径 R_σ	拱端厚(m)	中心角	弦长 X_l(m)	拱冠曲率半径 R_σ
1580	300.5	63	66	12.57	19.18	86	65.5	19.66	30.02	84
⋮										
1870	295.2	21.1	27.5	44.96	218.71	219	25.7	44.47	241.99	246.5
1885	292	16	18	45.42	235.40	232	18.5	43.69	247.38	259

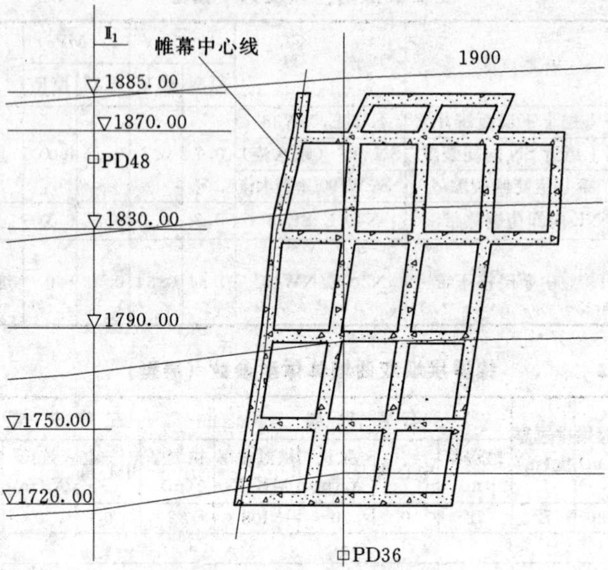

图 4.23　左岸 X 岩脉处理剖面图

第三次试验，大坝相对第二次增厚，基础加固处理（其左岸主要岩脉、断层处理图见图 4.25 和图 4.26），体型为抛物线型双曲拱坝，加固后体型参数如表 4.24 所示。拱坝轴线方位角为 E28°。

三次模型试验的体型及处理比较如下：

（1）第一次模型试验大坝最厚，没有任何加固处理。

（2）第二次模型试验大坝最薄，处理要点如下：

1）左岸：1800～1885m 高程拱端设置混凝土垫座；1730～1800m 高程拱端进行混凝土置换；1720～1885m 高程沿煌斑岩脉 X 设置混凝土网格；1680～1850m 高程沿断层 f5 和 f8 设置混凝土网格；1670～1885m 高程坝肩拱端固结灌浆；Ⅰ线或Ⅴ线附近Ⅳ$_2$ 岩类固结灌浆。

2）右岸：1870～1885m 高程 f13 与拱端接触部位设置混凝土塞；1600～1740m 高程沿 f14 断层设置部分混凝土塞（试验中

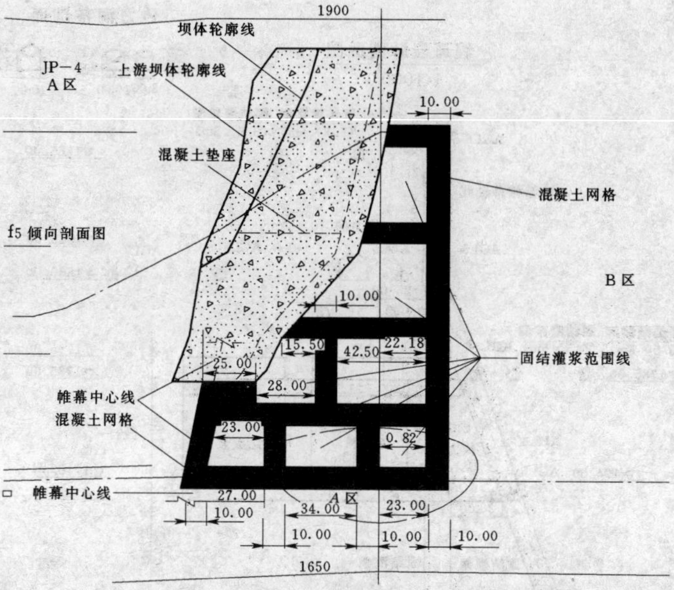

图 4.24　左岸 f5 断层处理剖面图

未模拟）。

（3）第三次大坝体形位于前两者之间，梁向作用增强，处理的要点主要如下：

1）左岸：1730～1885m 高程拱端设置混凝土垫座；1730～1845m 高程拱端布置三层传力洞；1670～1795m 高程沿煌斑岩脉 X 设置混凝土网格；1670～1740m 高程沿断层 f5 和 f8 设置混凝土网格；1630～1885m 高程坝肩拱端固结灌浆；Ⅰ线或Ⅴ线附近$Ⅳ_2$岩类固结灌浆。

2）右岸：1858～1885m 高程 f13 与拱端接触部位置换混凝土；1600～1750m 高程沿 f14 断层设置部分混凝土塞（试验中未模拟）。

4.3　试验成果及初步分析

4.3.1　大坝正常位移及超载能力比较

三次模型试验在正常荷载下坝体顺河向变形如表 4.25 所示。

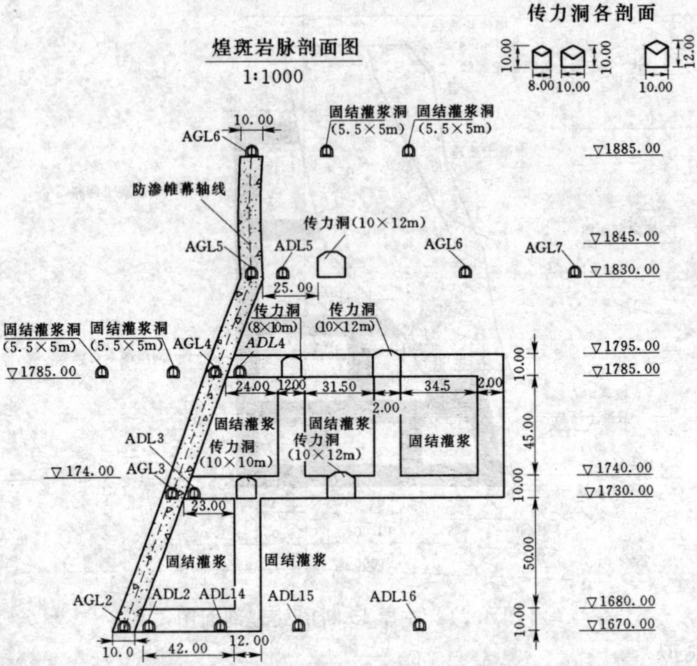

图 4.25 左岸 X 岩脉处理剖面图

表 4.25 三次模型试验在正常荷载下坝体顺河向变形 单位：mm

高程(m)	近右拱端			右拱			拱冠			左拱			近左拱端		
	第一次	第二次	第三次	第一次	第二次	第三次	第一次	第二次	第三次	第一次	第二次	第三次	第一次	第二次	第三次
1885	6.645	14.6	15				105.3	89	85				1.575	10.5	10
1830	0.33	9.9		66.18	56.3		80.4	81.2		62.79	32.8		5.76	1.0	
1810			10			60			70			45			5
1750	12.74	12.4		42.75	42.9		62.1	39.2		49.56	26.7		6.27	-3.42	
1730			20			57.5			72.5			30			7.5
1670	7.875	12.3					38.26	21.1					15.17	9.5	
1650			15						45						20
1630	14.66	8.6											10.8	4.2	
1600	12.165	13.4	8				8.4		20				8.505	3.27	7

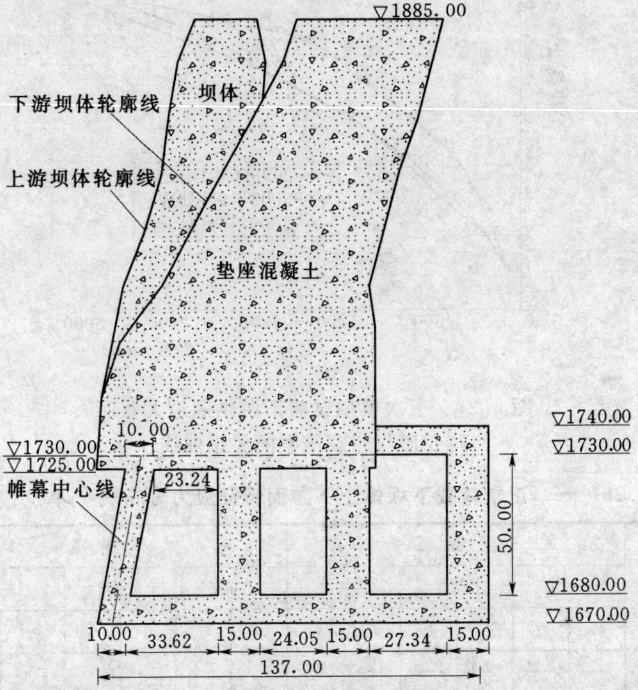

图 4.26　左岸 f5 断层处理剖面图

从表中可看出，三次模型试验中第三次模型最大变位最小，本次试验的结果也表明，大坝梁的作用明显强于前两次。

图 4.27 反映了三次试验下游拱冠最大顺河向变形与超载倍数的关系。从图中可知：相对前两次模型试验，第三次模型试验大坝在超载过程中，在相同倍数下，大坝变位要小，抗变形能力增强。第一次模型试验在 $5P_0$ 前不如第二次模型试验，但超过 $5P_0$ 后第一次模型强于第二次模型试验。从超载能力看，三次模型试验的最终极限能力相差不大。

4.3.2　大坝正常荷载下应力比较

图 4.28 和表 4.26 为第三次模型试验的上下游面应力分布的结果，由图和表中应力可知大坝应力分布具有以下特点：

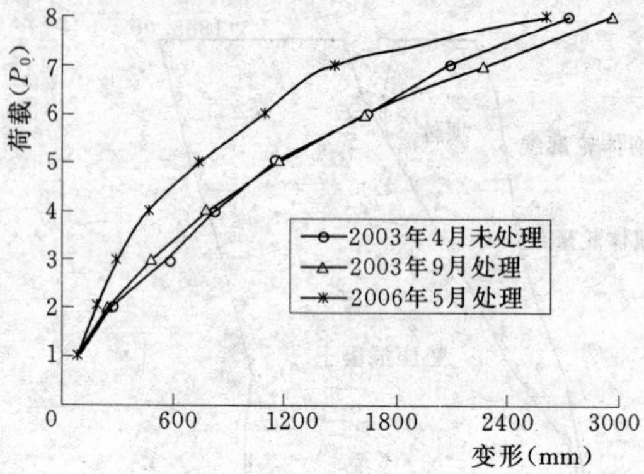

图 4.27 三次模型试验下游拱冠最大顺河向变形与超载倍数的关系曲线

表 4.26 正常荷载下坝体上下游面特征应力分布表 单位：MPa

高程(m)		上游面						下游面					
		右拱端		拱冠梁		左拱端		右拱端		拱冠梁		左拱端	
		σ_3	σ_1	σ_3	σ_1	σ_3	σ_1	σ_3	σ_1	σ_3	σ_1	σ_3	σ_1
	1850	−2.33	0.23	−3.42	0.05	−1.58	0.1	−4.85	0.1			−4.5	−0.45
		(−0.8)	(−0.18)	(−4.26)	(−1.08)	(−0.85)	(1.39)	(−1.97)	(−0.39)	(−4.29)	(−0.51)	(−7.43)	(−1.93)
	1810	−2.35	−0.4	−2.02	0.02	−2.58	−0.25	−5.25	−0.3				
		(−1.37)	(0.75)	(−4.84)	(−2.66)	(−3.56)	(1.42)	(−6.13)	(−0.95)	(−3.38)	(−0.33)	(−5.92)	(−1.02)
	1770	−1.52	−0.21	−4.82	−0.06	−1.82	−0.21	−5.64	−0.26			−4.8	−0.2
		(−1.87)	(−0.1)	(−5.45)	(−3.53)	(−3.95)	(−2.05)	(−9.84)	(−1.91)	(−4.03)	(−0.76)	(−10.5)	(−1.83)
$1P_0$	1710	−1.25	0.24	−1.44	0.1	−1.0	0.25	−4.62	−0.1	−2.9	−0.15	NA	NA
		(−2.32)	(0.06)	(−5.59)	(−4.48)	(−6.11)	(1.44)	(−7.61)	(−12.5)	(−2.17)	(−1.44)	(−10.6)	(−1.92)
	1670	−0.44	0.21	−0.3	0.24	−0.58	0.27	−3.52	−0.1	−3.24	−0.14	−4.5	−0.35
		(−3.07)	(−0.62)	(−5.3)	(−4.53)	(−5.66)	(1.22)	(−9.8)	(−1.75)	(−2.85)	(−1.75)	(−13.5)	(−2.68)
	1630	−0.85	0.11	−0.3	0.5	−0.44	0.85	−5.12	−0.3	−4.68	−0.27	−9.12	−0.08
		(−2.82)	(−0.91)	(−4.32)	(−4.09)	(−2.64)	(0.86)	(−13.5)	(−1.76)	(−5.25)	(−0.93)	(−13.6)	(−2.05)
	1580			1.15	0.25					−3.75	−0.15		
		(−0.8)	(−0.3)	(0.57)	(−0.7)	(1.12)	(0.69)						

注 压力负。表中括号内值为按 2006 年 1 月图纸坝型计算结果，计算工况为：坝体自重＋水载＋泥沙压力＋温降。

试验中上游面最大拉应力为 1.15MPa，位于坝踵；上游面

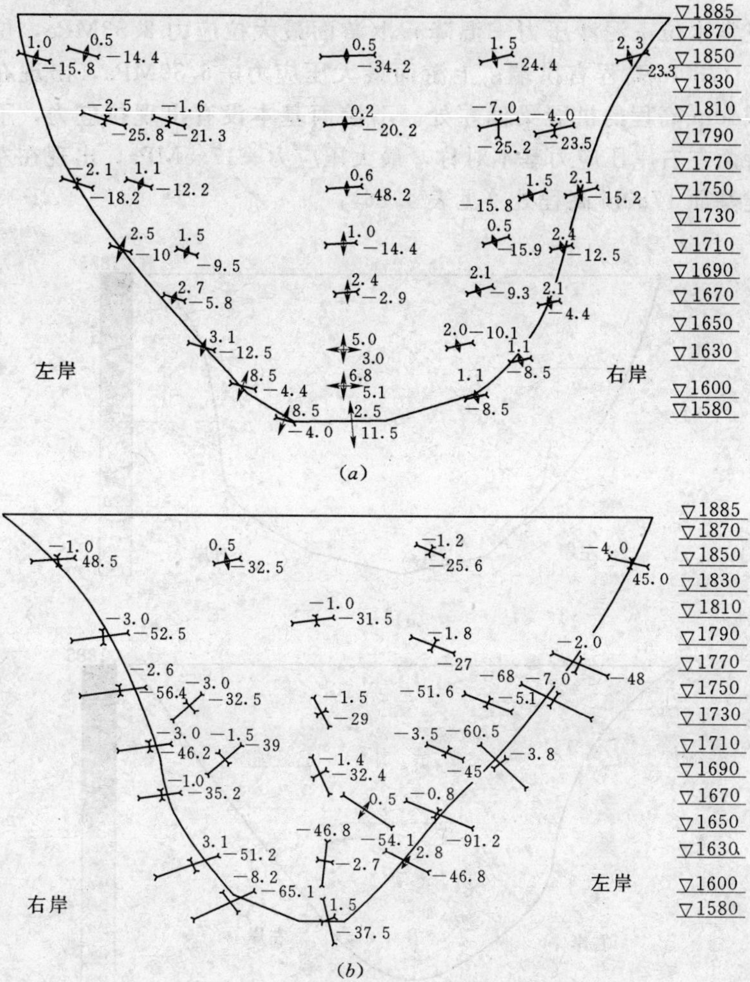

图 4.28　大坝上下游面应力分布图

(*a*) 上游面；(*b*) 下游面

最大压应力−4.82MPa，出现在 1770m 高程的拱冠处。下游面基本没有出现拉应力，下游面右岸压应力较左岸大，但总体基本对称，最大压应力−9.12MPa，出现在右建基面 1630m 高程处（见图 4.28）。

从 TFINE 计算结果可知：在正常工况条件下（大坝自重＋正常水位＋泥沙压力＋温降）上游面最大拉应力 2.53MPa，位于 1760m 高程右拱端；上游面最大压应力－6.39MPa，出现在 1740m 高程的拱冠梁偏左处。下游面基本没有出现拉应力，下游面左右岸压应力基本对称，最大压应力－17.5MPa，出现在左建基面 1780m 高程处（见表 4.26）。

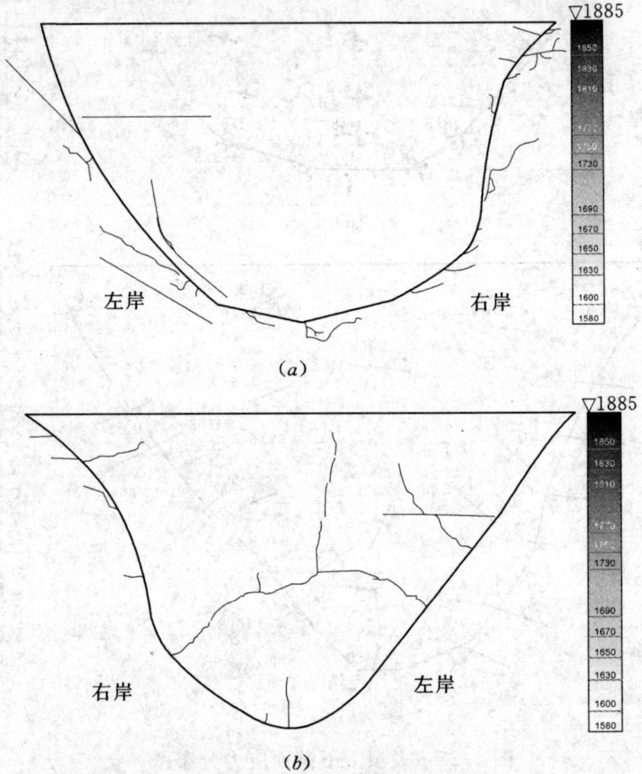

图 4.29 第一次模型试验最终上下游面的开裂示意图

(*a*) 上游面破坏；(*b*) 下游面破坏

4.3.3 大坝开裂破坏比较

三次模型试验得到的上下游面最后破坏图分别见图 4.29～图 4.31，下游面的开裂的破坏过程分别见图 4.32～图 4.34，破坏过程描述分别见表 4.27～表 4.29。

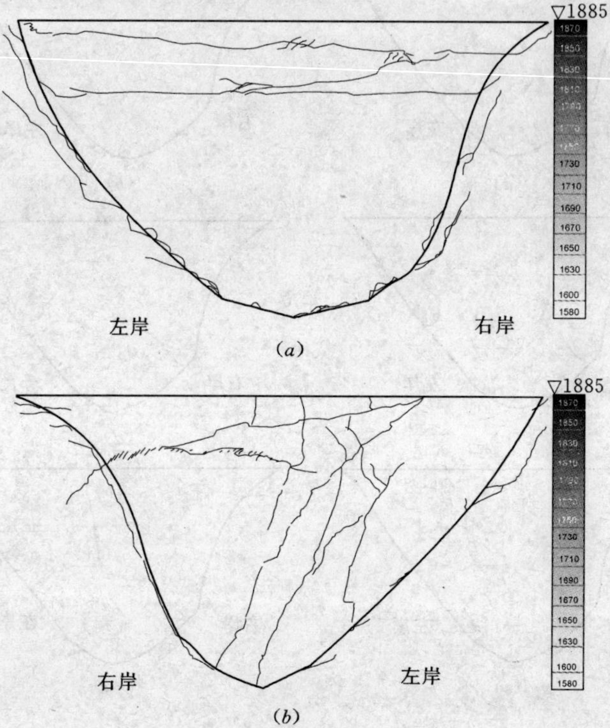

图 4.30　第二次模型试验最终上下游面的开裂示意图

(*a*) 上游面破坏；(*b*) 下游面破坏

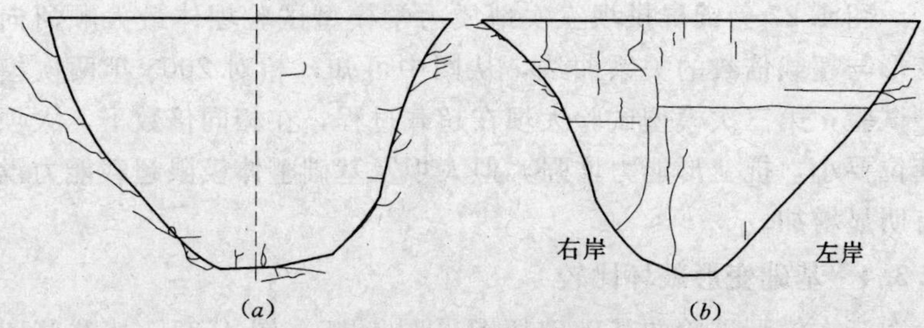

图 4.31　第三次模型试验最终上下游面的开裂示意图

(*a*) 上游面破坏；(*b*) 下游面破坏

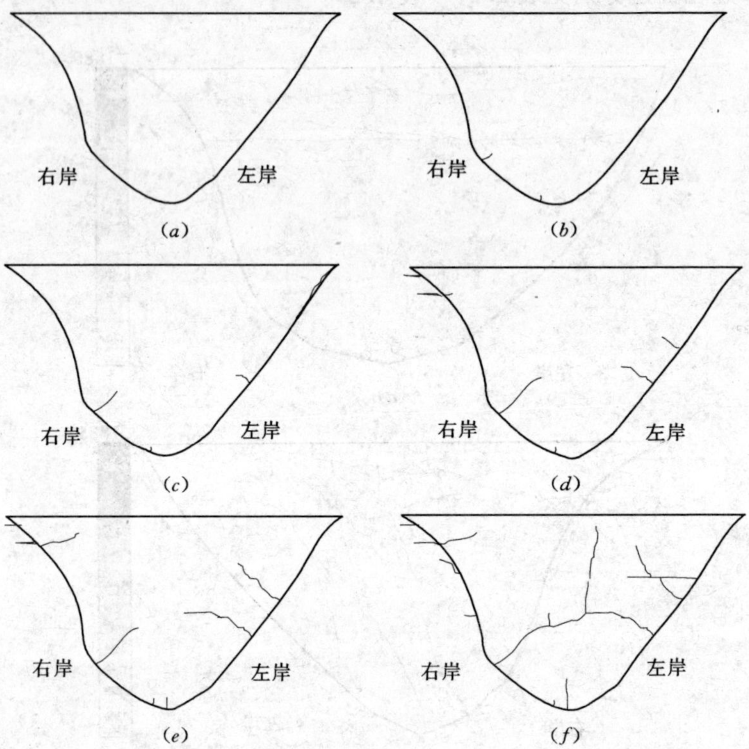

图 4.32　第一次模型试验坝体下游面开裂过程示意图

(a) $1P_0$；(b) $2P_0$；(c) $3P_0$；(d) $4P_0$；(e) $5P_0$；(f) $6P_0$

图 4.27 为锦屏拱坝三次地质力学模型试验坝体最大顺河向变形与超载倍数的关系曲线，从图中可知，相对 2003 年两次模型试验，第三次模型试验大坝在超载过程，在相同倍数下，大坝变位要小，抗变形能力增强，但大坝及基础整体极限超载能力没有明显增加。

4.3.4　基础变形破坏比较

三次模型试验的基础破坏图见图 4.35～图 4.37，从这些图分析可得出以下结论。

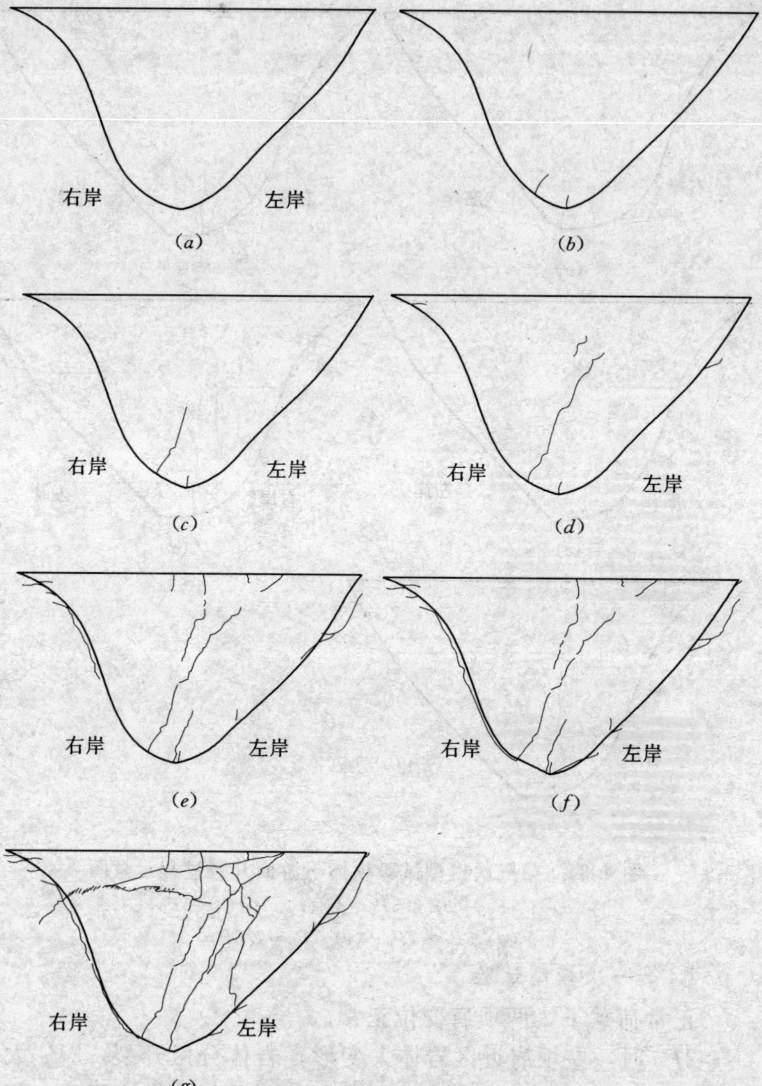

图 4.33　第二次模型试验坝体下游面开裂过程示意图

(a) $1P_0$；(b) $2P_0$；(c) $3P_0$；(d) $4P_0$；(e) $5P_0$；(f) $6P_0$；(g) $7P_0$

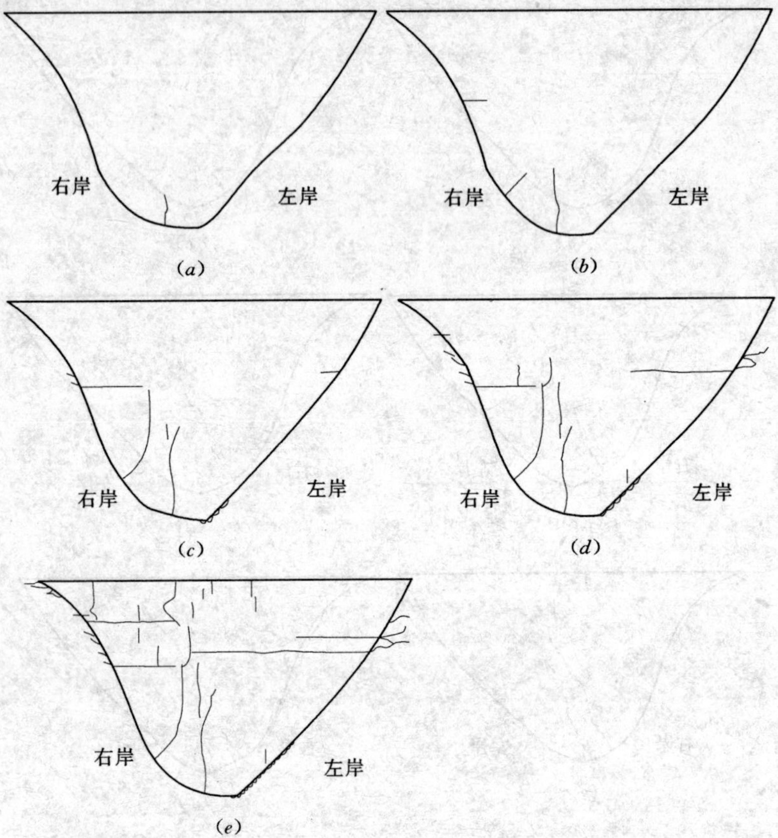

图 4.34 第三次模型试验坝体下游面开裂过程示意图

(*a*) $3.5P_0$；(*b*) $3.5P_0 \sim 4P_0$；(*c*) $4P_0 \sim 5P_0$；
(*d*) $5P_0 \sim 7P_0$；(*e*) $7P_0 \sim 7.5P_0$

1. 第一次模型试验

正常荷载下，两坝肩变位正常。

$2P_0$ 时，左坝肩近区岩体大变形，岩体分区开裂，$2P_0$ 大坝下游开裂，在坝下游底部出现纵向裂缝说明坝体拱度不足，坝体偏厚。

$3P_0$ 时，左右坝肩岩体近区开裂，大坝左右拱端出现裂缝并出现非线性变形和随坡开裂。

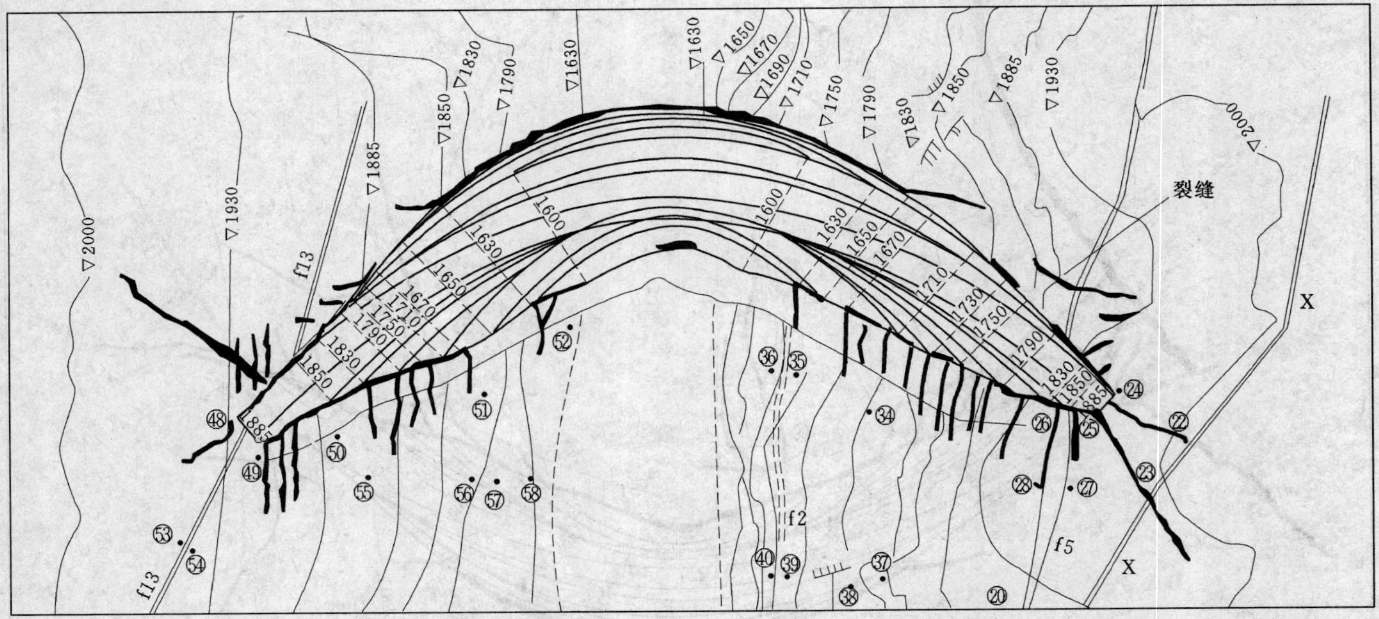

图 4.35　第一次模型试验最终左右岸岩体的开裂示意图

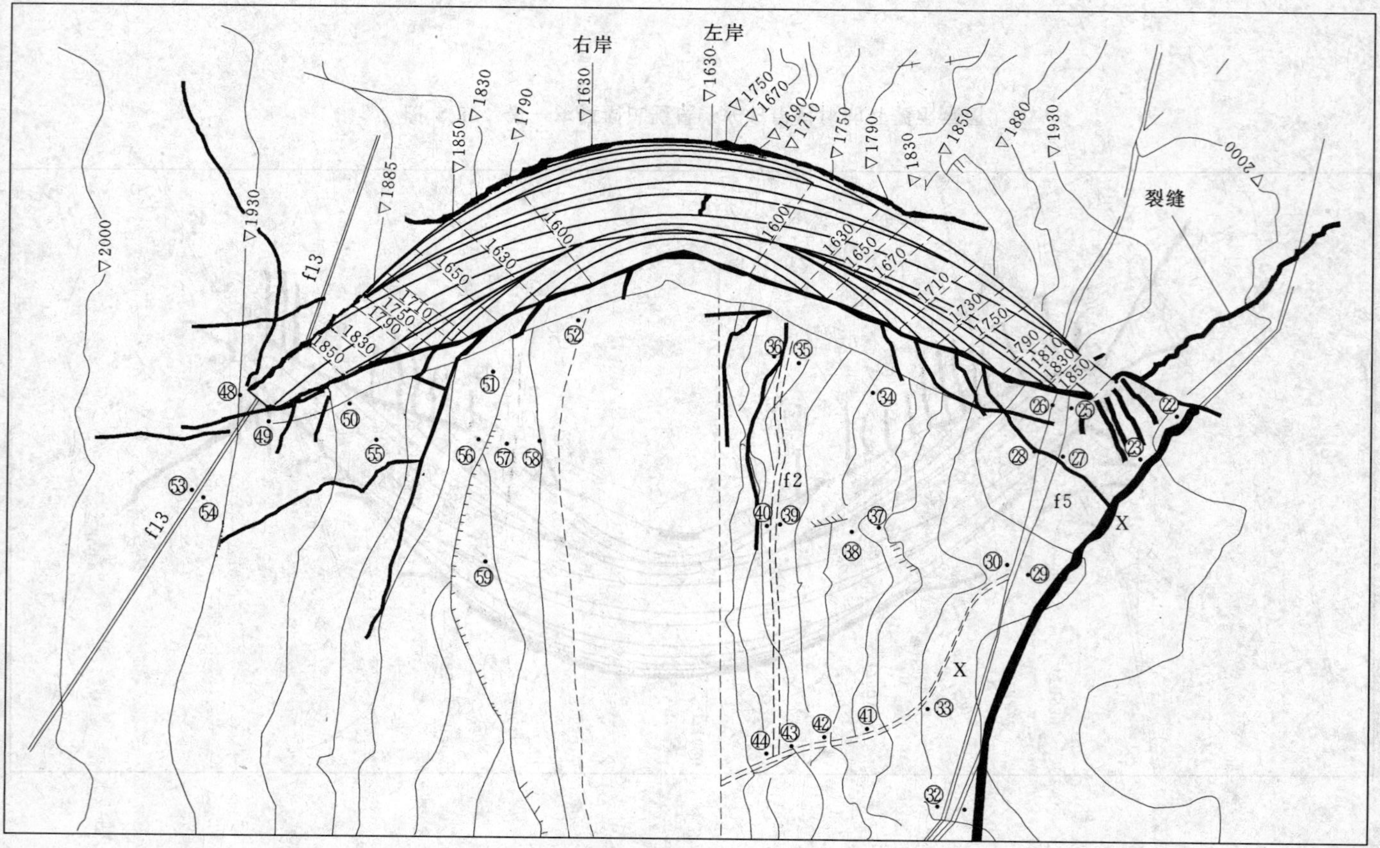

图 4.36　第二次模型试验最终左右岸岩体的开裂示意图

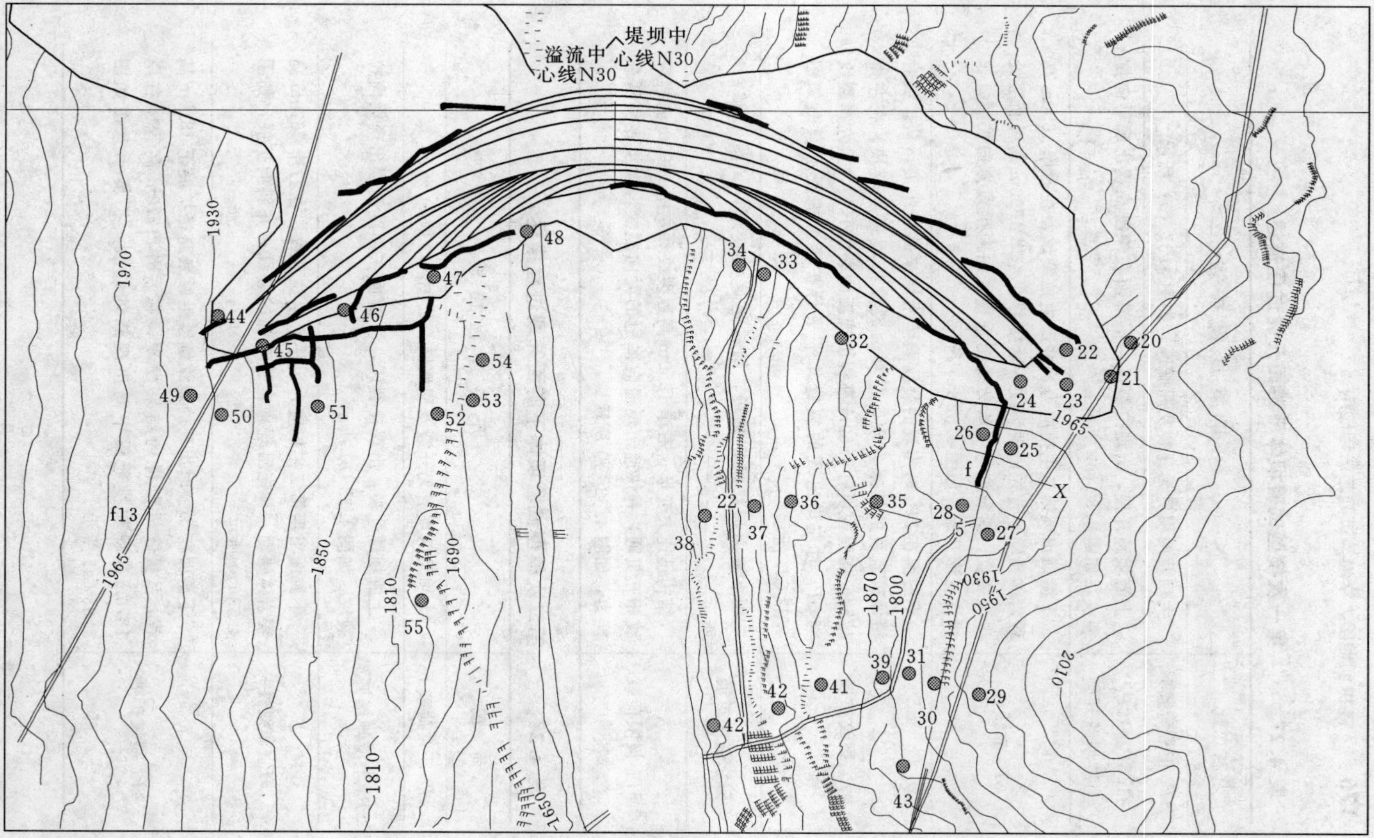

图 4.37　第三次模型试验最终左右岸岩体的开裂示意图

表 4.27 第一次模型试验坝体下游面开裂过程描述

荷 载	开 裂 过 程 描 述
$1P_0$ 正常荷载下	大坝及两坝肩无开裂及屈服区，如图 4.32 (*a*) 所示
$1.5P_0 \sim 2P_0$ 上游坝踵开裂	上游坝踵开裂，出现拉裂区，下游面在坝趾高程出现梁向拉裂纹，如图 4.32 (*b*) 所示
$3P_0$ 非线性	下游面出现第二主拉应力，并产生拉裂纹，在右岸 1650m 高程岩体错动，首先出现裂纹，紧接着在左岸 1690m 高程断层处出现裂纹，两裂纹与坝基交线相垂直方向向拱冠方向扩展，非线性变形开始，如图 4.32 (*c*) 所示
$4P_0$ 裂纹扩展	下游面在 $3P_0$ 时出现的裂纹继续沿原来路径扩展，从扩展时摄像机监视的结果发现，左坝面裂纹扩展速度较快。在左岸 1750m 高程右坝肩 1850m 高程出现新的裂纹开裂，且左岸裂纹与 $3P_0$ 时左岸出现的裂缝几乎平行扩展。扩展示意图如图 4.32 (*d*) 所示
$5P_0$ 裂纹扩展	坝下游面裂纹稳定扩展，结构迅速大变形，如图 4.32 (*e*) 所示
$6P_0$ 极限荷载	结构迅速大变形，右岸 1650m 高程裂纹和左岸 1690m 高程裂纹相互贯通，并快速出现通向拱冠的梁向裂纹，大坝丧失承载能力，如图 4.32 (*f*) 所示

表 4.28 第二次模型试验坝体下游面开裂过程描述

荷 载	开 裂 过 程 描 述
$1P_0$ 正常荷载下	大坝及两坝肩无开裂及屈服区，如图 4.33 (*a*) 所示
$2P_0$ 上游坝踵开裂	上游坝踵开裂，出现拉裂区，下游面在坝趾高程出现梁向拉裂纹，如图 4.33 (*b*) 所示
$3P_0$ 非线性	下游面出现第二主拉应力，并产生拉裂纹，在右岸 1620m 高程岩体错动，首先出现垂直建基面的裂纹，并斜向扩展，如图 4.33 (*c*) 所示
$4P_0$ 裂纹扩展	下游面在 $3P_0$ 时出现的裂纹继续沿原来路径扩展至 1810m 高程，从摄像机监视的结果发现，在左岸 1770m 高程、右岸 1870m 高程和拱冠梁中间出现新的裂纹，扩展示意图如图 4.33 (*d*) 所示

续表

荷　载	开 裂 过 程 描 述
$5P_0$ 裂纹扩展	坝趾裂纹和左岸 1770m 高程稳定扩展向上扩展，原来主裂纹扩展抑制，在 1885m 高程中部出现向下纵向裂纹，左右岸沿建基面出现开裂，裂纹扩展速度加快，如图 4.33 (*e*) 所示
$6P_0$ 极限荷载	结构出现大变形，右岸 1650m 高程出现新的裂纹和原来几组扩展裂纹在 1810m 高程汇合，并产生很多次生裂纹，右建基面的裂纹沿建基面快速贯通，如图 4.33 (*f*) 所示
$7P_0$ 极限荷载	结构迅速大变形，右岸 1815m 高程裂纹和 1885m 高程向下扩展裂纹相互贯通，形成坝面较大的破裂带，原来的几组裂纹也加快贯通，在坝面出现很多破裂带，大坝丧失承载能力，如图 4.33 (*g*) 所示

表 4.29　　第三次模型试验坝体下游面开裂过程描述

荷　载	开 裂 过 程 描 述
$1P_0$ 正常荷载下	大坝及两坝肩无开裂及屈服区
$2.5P_0$ 上游坝踵开裂	上游坝踵及基础开裂，出现拉裂区
$3P_0$ 下游面开裂	下游面在靠右岸坝趾高程出现梁向拉裂纹，如图 4.34 (*a*) 所示
$3.5P_0 \sim 4P_0$ 非线性	右岸坝趾高程出现的梁向拉裂纹继续沿下游坝面向上部高程扩展；同时在右岸 1630m 高程附近出现垂直建基面的拉裂纹；在右岸 1830m 高程出现新的横向开裂，扩展示意图如图 4.34 (*b*) 所示
$4P_0 \sim 5P_0$ 裂纹扩展	右岸坝趾高程出现的梁向拉裂纹继续沿下游坝面向上部高程扩展；在右岸 1630m 高程附近出现垂直建基面的拉裂纹拐弯沿梁向开裂；1830m 高程的横向开裂继续延伸，并在此高程建基面附近出现开裂，坝址底部靠左岸出现沿建基面开裂，左岸在 1790～1810m 高程出现横向开裂，扩展示意图如图 4.34 (*c*) 所示
$5P_0 \sim 7P_0$ 极限荷载	裂纹扩展速度加快，右岸 1790m 高程附近出现新的梁向裂纹和原来几组扩展裂纹汇合，并在右岸建基面出现较多次生开裂裂纹；左岸在 1790～1810m 高程出现的横向开裂向大坝中部扩展，如图 4.34 (*d*) 所示
$7P_0 \sim 7.5P_0$ 极限荷载	结构迅速大变形，大坝右部分出现多条梁向和横向扩展裂纹相互贯通，形成坝面较大的破坏区；左岸建基面在 1790～1810m 高程出现较多横向开裂，一直延伸至大坝垫座，大坝丧失承载能力，如图 4.34 (*e*) 所示

$4P_0$ 时，近区岩体出现非线性开裂，左坝肩岩体非线性变形开始。

$5P_0$ 时，近区岩体及两坝肩出现迅速大变形。

$6P_0$ 时，近区岩体大变形，两坝肩丧失承载能力。

远离坝轴线 250～300m 的变形点受到的影响很小，只有几毫米，$6P_0$ 时有小变形。超过 300m 以外的岩体可视为无影响区。远区 450m 外变形很小。

大坝周围出现开裂大变形约在 200m 的范围内（即坝轴线下 200m）。

深部大裂隙区距坝远在 300m 以外，可视为对大坝没有影响。

大坝周围出现断裂，在Ⅲ类岩体内开裂，说明Ⅲ类岩变形过大，应当进行加固。

2. 第二次模型试验

正常荷载下，两坝肩变位正常。

$2P_0$ 时，右坝肩上部高程近区岩体大变形，岩体分区开裂，上游面向山里开裂，下游面顺河向节理开裂。

$3P_0$ 时，右坝肩岩体近区继续开裂，并向下部高程开裂，大坝左右拱端出现裂缝并出现非线性变形和随坡开裂。

$4P_0$ 时，近区岩体出现非线性开裂，左坝肩加固处理措施承载能力减弱，岩体非线性变形开始。

$5P_0$ 时，近区岩体及两坝肩出现大变形，下部高程近坝岩体错动开裂。

$6P_0$ 时，近区岩体大变形，左岸沿 X 和断层出现错动滑移，远端大变形出现。

$7P_0$ 时，近区岩体大变形，两坝肩丧失承载能力，尤其左岸沿 X 和断层出现远端大变形。

100m 范围内近区拱端岩体，即建基面使用Ⅲ类岩，在 $4P_0$ 前为线性变形，$4P_0$ 后出现非线性变形。

大坝左、右岸出现开裂大变形约在 200m 的范围内，（即坝轴线下200m)。左坝肩深部裂隙离坝250m外超载时变形很小，比起f5、f8、X(煌斑岩)等构造对大坝影响很小。

远离坝轴线和X岩脉和断层的变形点受到的影响很小，$7P_0$时有小变形。

除左岸中上部高程X岩脉和断层附近的岩体外，超过300m以外的岩体可视为无影响区。深部大裂隙区距坝远在300m以外，可视为对大坝影响较小。

大坝右岸在低倍超载下(小于$4P_0$)开裂明显，应当进行加固；高倍超载下(大于$4P_0$)左岸沿加固X岩脉和断层错动滑移明显，需要注意。

右岸f13及f14对大坝整体稳定有影响，应当加固。右岸岸坡坡度太陡，岩体裂隙构造太陡，出现顺节理方向的倾倒破坏，应调整大坝体型，及加固岸坡岩体。

3. 第三次模型试验

正常荷载下，两坝肩变位正常。

$3P_0$时，右坝肩上部高程近区岩体出现较大变形。右坝肩顺河向，横河向及f13开裂。

$3.5P_0$时，上游坝踵进一步开裂，近区岩体出现非线性开裂，右岸近坝区下游面在1690m，1770m高程附近(绿片岩夹层出露高程)分别出现顺河向、顺层开裂，同时出现横向沿近SN非优势裂隙开裂。左坝肩上部加固处理措施承载能力减弱。

$4P_0$时，近坝区岩体及两坝肩出现大变形，右岸上部岩体错动开裂，左岸上部1790～1810m高程出现垫座开裂。

$5P_0$近坝区岩体大变形，右岸沿顺河向、顺层开裂长度增加，顺f14有滑移；左岸顶高程拱端出现开裂，垫座与f5交接处出现沿f5的开裂滑移，远端大变形出现。左右岸都有滑移出现，因此坝面出现梁向开裂。

$6P_0$～$7P_0$近区岩体大变形，两坝肩逐渐丧失承载能力，尤其右岸沿f14与f13之间的顺横向节理。

在极限荷载$7.5P_0$，右岸顺河向、顺层开裂延伸长度达

100m，左岸垫座在 1790～1810m 高程剪断。

4.3.5 关键高程平切破坏比较

本书仅就以下高程破坏结果进行分析，即 1885m、1830m、1730m、1670m 和 1580m，如图 4.38～图 4.42 所示，图中粗线表示破坏开裂，从这些图分析可得出以下结论。

1. 第一次模型试验

1885m 高程，由图 4.38 (*a*) 可知，左岸坝肩开裂直达 X 岩脉，顺河向开裂达 100m 左右。右岸开裂约 50m 范围，沿 f13 只有 30m，开裂范围集中在坝拱端部位。

1830m 高程，由图 4.39 (*a*) 可知，大坝开裂一直在左岸约有 80～100m 范围。右岸在下游坝趾区卸荷岩体Ⅲ内，约为 100m 岩体开裂，右坝肩上游坝踵开裂延伸至 f13 断层，两岸开裂的裂隙呈开放型向两岸扩展。

1730m 高程，由破坏图 4.40 (*a*) 可见，左坝肩岩体在下游开裂，开裂深度为 25m，形成 f5 的断裂块，右坝肩形成开裂带，约为 40m 深，顺裂隙面开裂下游坝面也有开裂，而低波速带及深部裂隙未见开裂，SL15 也未见有新的开裂。

1670m 高程，由破坏图 4.41 (*a*) 可知，左坝肩岩体及右坝肩岩体都没有开裂，只在上游坝踵有拉裂缝，由破坏图可见坝体在此处较厚，岩体下游较少开裂，加载后岩体比较完整的保留。

1580m 高程为坝踵、坝趾区，由破坏图 4.42 (*a*)，可见坝踵拉裂缝向下延伸 20～30m 左右，整个坝体向下游变形，上游坝踵出现深入 1580m 高程以下的裂缝。

总体看来，大坝左右岸顺河向开裂的范围约在 150m 长度范围内，影响很小，但上游面坝踵拉裂缝可向下深入 20～30m。

2. 第二次模型试验

1885m 高程，由图 4.38 (*b*) 可知，左岸坝肩开裂穿过垫座直达 X 岩脉和 f5 断层，并沿 X 岩脉和 f5 断层顺河向开裂，直到 X 岩脉和 f5 断层在河谷出露处。右岸开裂约 60m 范围，主要沿

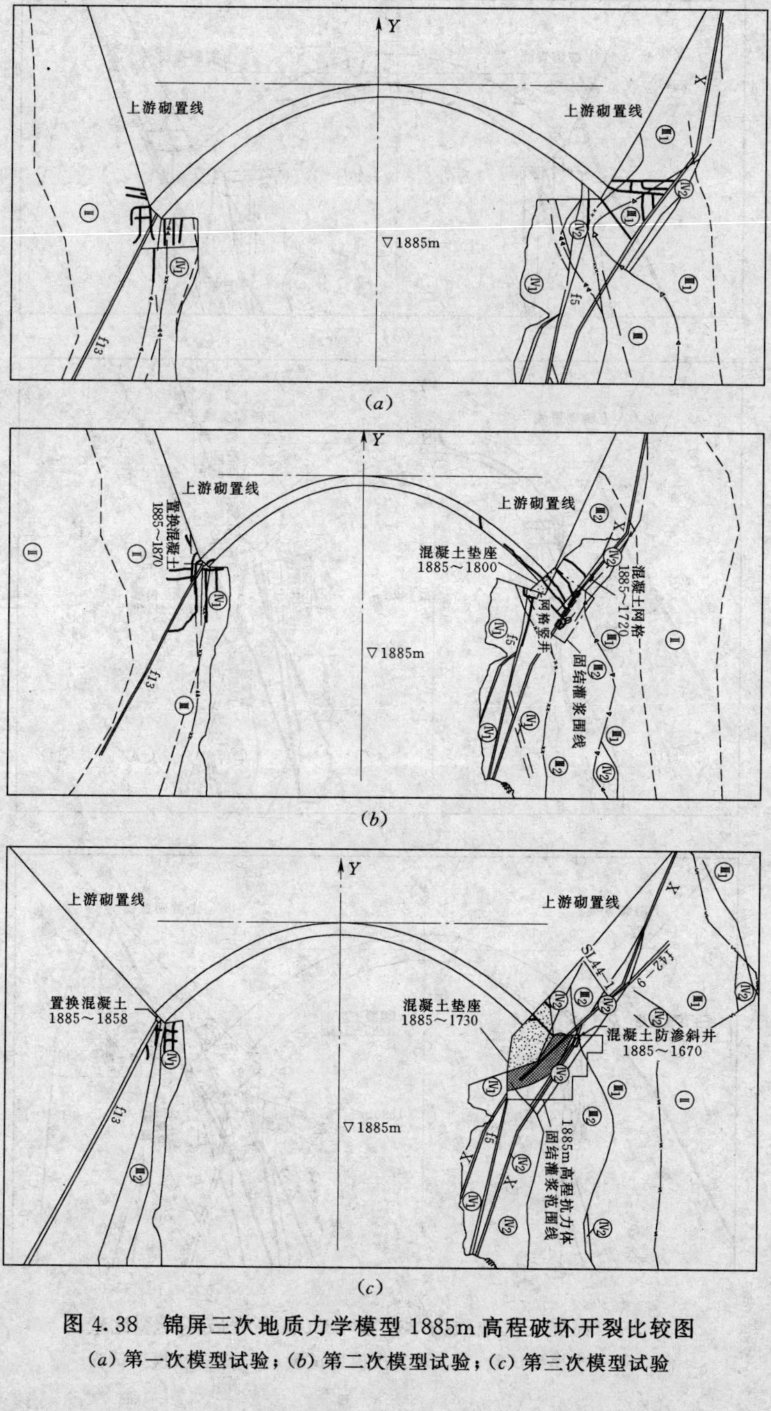

图 4.38　锦屏三次地质力学模型 1885m 高程破坏开裂比较图

(a) 第一次模型试验；(b) 第二次模型试验；(c) 第三次模型试验

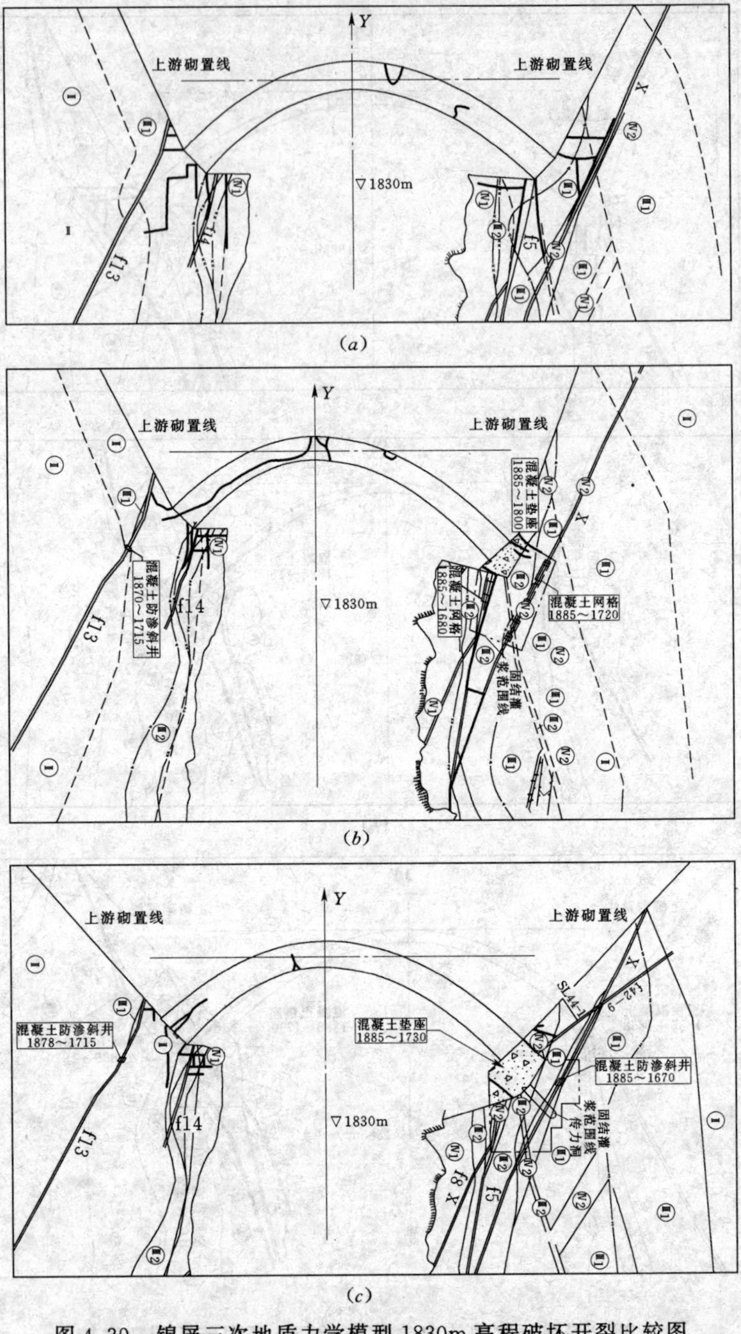

图 4.39　锦屏三次地质力学模型 1830m 高程破坏开裂比较图

(*a*) 第一次模型试验；(*b*) 第二次模型试验；(*c*) 第三次模型试验

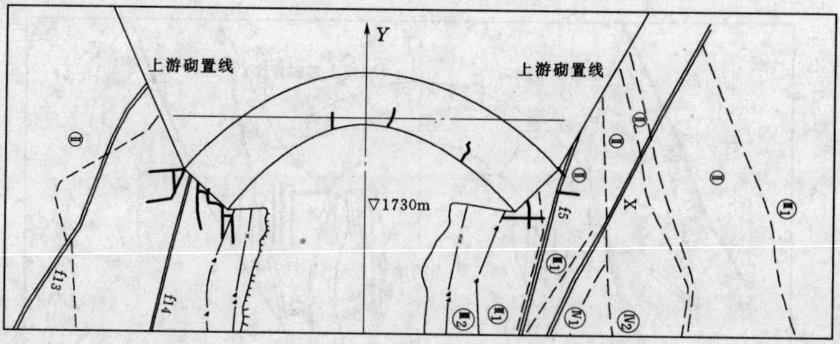

(*a*)

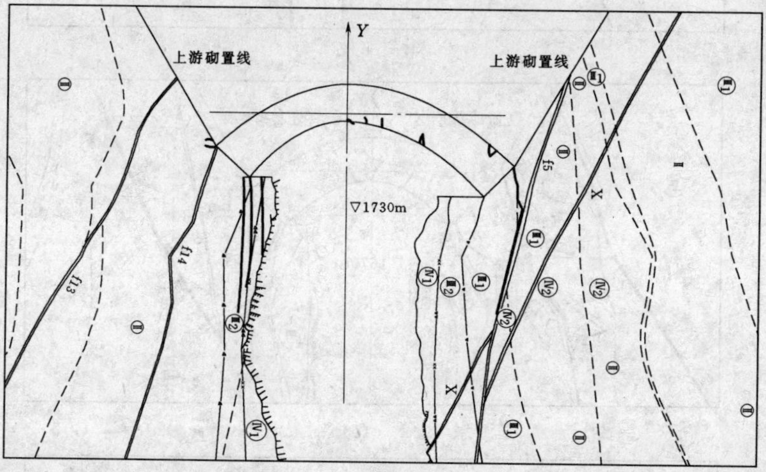

(*b*)

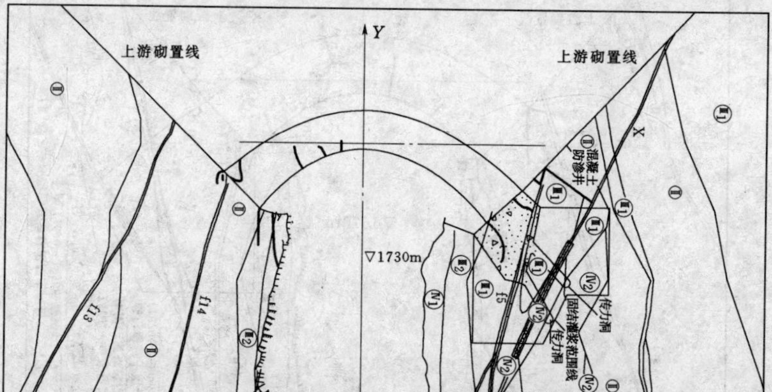

(*c*)

图 4.40　锦屏三次地质力学模型 1730 高程破坏开裂比较图

(*a*) 第一次模型试验；(*b*) 第二次模型试验；(*c*) 第三次模型试验

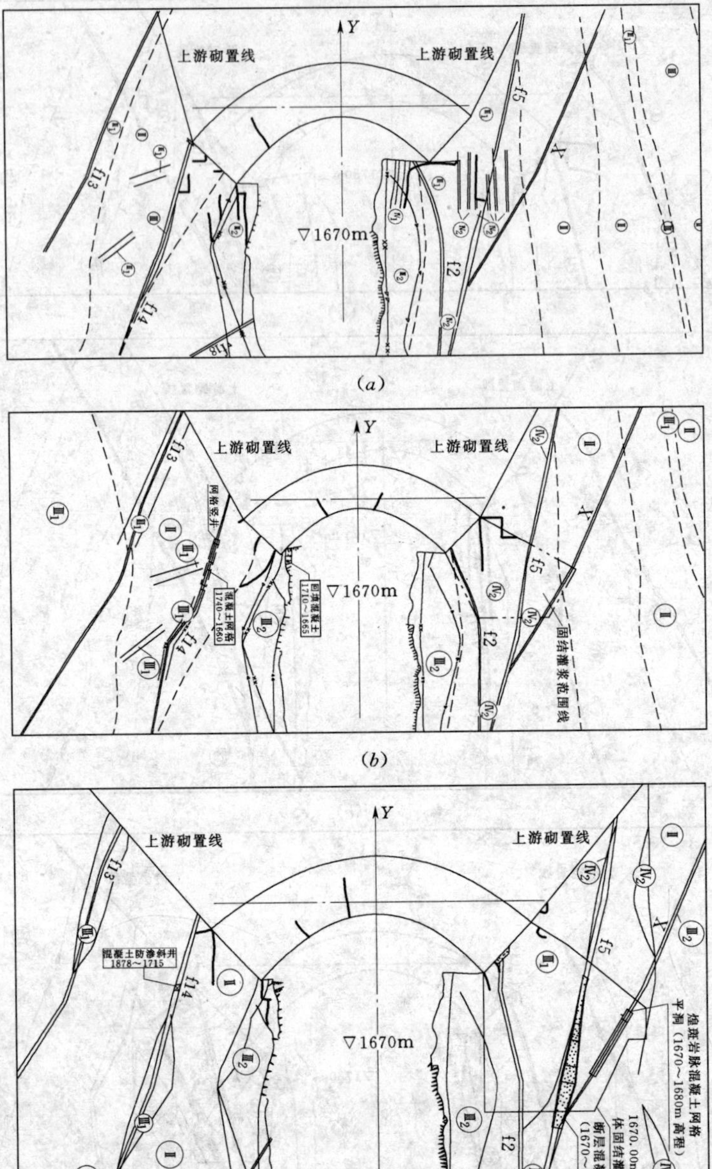

图 4.41 锦屏三次地质力学模型 1670m 高程破坏开裂比较图

(*a*) 第一次模型试验；(*b*) 第二次模型试验；(*c*) 第三次模型试验

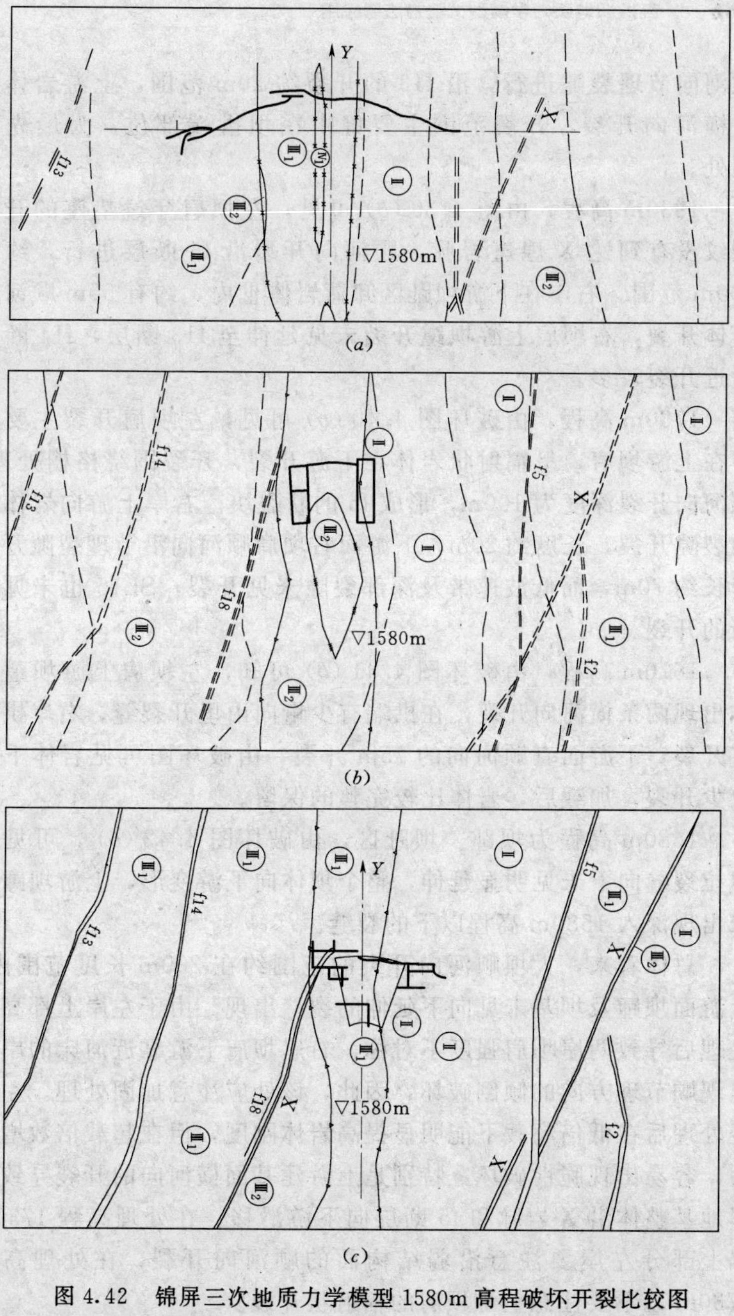

图 4.42 锦屏三次地质力学模型 1580m 高程破坏开裂比较图

(a) 第一次模型试验；(b) 第二次模型试验；(c) 第三次模型试验

顺河向节理裂隙进行，沿 f13 的开裂约 20m 范围，上游岩体则是横河向开裂，开裂范围主要集中在坝拱端部位，为最先开裂处。

1830m 高程，由图 4.39 (*b*) 可见，左坝肩穿过垫座的开裂裂纹没有到达 X 煌斑岩脉，顺河向开裂沿 f5 断层进行，约有 200m 范围。右岸在下游坝趾区卸荷岩体Ⅲ内，约有 55m 顺河向岩体开裂，右坝肩上游坝踵开裂未见延伸至 f13 断层，f14 断层附近开裂较多。

1730m 高程，由破坏图 4.40 (*b*) 可见，左坝肩开裂主要集中在上游坝肩，呈辐射状岩体在下游开裂，开裂围绕格栅处理，顺河向开裂深度为 100m，形成 f5 的断裂块。右岸上游向岩体内顺裂隙开裂，长度约 20m，下游面右坝肩顺河向沿节理裂隙开裂缝长约 70m，而低波速带及深部裂隙未见开裂，SL15 也未见有新的开裂。

1670m 高程，由破坏图 4.41 (*b*) 可知，左坝肩上游坝踵岩体出现两条横河向开裂，在拱端有少量向山里开裂缝。右岸拱端有开裂，下游面有顺河向的 75m 开裂，由破坏图可见岩体下游较少开裂，加载后，岩体比较完整的保留。

1580m 高程为坝踵、坝趾区，由破坏图 4.42 (*b*)，可见坝踵拉裂缝向下未见明显延伸，整个坝体向下游变形，上游坝踵也未出现深入 1580m 高程以下的裂缝。

总体看来，大坝顺河向开裂的范围约在 200m 长度范围内，上游面坝踵及坝基未见向下延伸的裂缝出现。由于左岸上部高程处理后导致两岸坝肩强度不对称，右岸坝肩下游靠近河床的岸坡出现顺节理方向的倾倒破坏，因此，该处应注意加固处理。左岸经处理后在低倍超载下能明显提高岩体刚度，但在超载倍数增加后，容易出现脆性破坏，特别是上游建基面横河向的开裂导致左岸地基整体沿 X 岩脉和 f5 断层向下游滑移。在处理高程 1730m 以上部分左岸要注意沿弱结构面的顺河向开裂，在处理高程 1730m 以下要注意上游坝肩的辐射状开裂。

3. 第三次模型

1885m 高程，如图 4.38（c）所示，左岸上游拱端裂纹开裂穿过垫座，但没有到达 X 岩脉，下游垫座与 f5 交接处沿 f5 断层顺河向开裂，顺河开裂长度约 30m。右岸开裂约 60m 范围，主要沿顺河向节理裂隙，$Ⅲ_2$ 与Ⅱ以及 $Ⅲ_2$ 与Ⅳ类岩体的分界线进行，上游岩体有横河向开裂，向山里开裂约 30m。

1830m 高程，由图 4.39（c），左岸上游拱端裂纹沿垫座边界多条开裂，并延伸到 f42－9 断层，在下游拱端有裂纹在垫座内开裂，但没有穿过。右岸开裂仍主要沿顺河向节理裂隙进行，在下游坝趾区卸荷岩体Ⅲ内，约有 60m 顺河向岩体开裂，右坝肩上游坝踵开裂延伸至 f13 断层、f14 断层附近开裂较多。坝体在右拱端中心部开裂。

1730m 高程，由破坏图 4.40（c）可见，左岸上游有横河向开裂裂纹，最大开裂深度约 60m，上游拱端裂纹沿拱推力方向在垫座内开裂，左坝肩下游拱端沿拱推力方向在垫座内开裂，未贯穿，其他岩体未见开裂。右坝肩岩体在上游拱端有开裂破碎区，开裂集中在 f14 过坝区，下游拱端处顺河向沿节理开裂，开裂深度顺河向约 90m，沿 f14 未见开裂。坝体右侧下游面有多条裂缝。

1670m 高程，由破坏图 4.41（c）可见，左岸坝肩上游拱端建基面出现横河向局部开裂，开裂沿节理进行约 20m，下游拱端未见开裂。右坝肩下游拱端沿岩层分界线出现顺河向 40m 范围开裂，上游拱端沿拱推力方向出现开裂，开裂扩展至 f13。由破坏图可见左岸岩体下游较少开裂，加载后，岩体比较完整的保留。坝体下游面左、右侧均有裂缝。

1580m 高程为坝踵、坝趾区，由破坏图 4.42（c），可见在坝踵区有横河向开裂裂纹，但拉裂缝向下未见明显延伸，整个坝体向下游变形，上游坝踵也未出现深入 1580m 高程以下的裂缝。

总的看来，由于左岸经过垫座、灌浆、置换以及传力洞等处理后，整体刚度得到加强，左岸基础开裂破坏较少，开裂深度可控制在离拱端100m范围内。右岸由于两组倾河床裂隙、绿片岩夹层以及f14、f13断层的切割作用，在下游靠近河床的岸坡出现顺节理方向的倾倒破坏明显，下游开裂范围离拱端在150m范围，部分高程沿f14断层的破坏集中，因此，处理的重点应放在f14断层过坝区域。

4.4 三次模型比较分析整体评价

综上所述，大坝经过三次模型试验，由三次大坝破坏图可知，上游面拉力区开裂很少，下游面受坝体不对称影响，在水荷载作用下出现开裂。左岸经过最新方案处理，防裂效果显著，而右岸破坏在不处理情况下，安全度偏低，应当加强f13、f14及绿斑岩脉的处理。

由于大坝体形以及河谷的不对称性，引起荷载偏转右岸(1750m以上)，扭矩加大，在$4P_0$时，下游面出现拉应力，从而引起大坝右上角开裂，并随着加载，导致大坝下游面裂缝扩展破坏。

三次试验比较尽管起裂K_1，非线性K_2各不相同，但最新加固方案的模型试验显示大坝在超载过程，在相同倍数下，加固后大坝变位较小，K_2有所提高，抗变形能力增强。从超载能力看，三次模型试验的最终极限能力相差不大。

从三次试验的基础平切破坏图可知，开裂破坏基本是在拱端，沿顺河向的节理或构造进行，特别是大坝上部高程，极限荷载下开裂基本可控制在$2B$（B为大坝拱端厚度）范围内，因此，右岸处理的重点应该是这些裂隙和构造及附近岩体，以达到提高基础整体刚度的目的。

建议进一步在右岸较高高程增强加大坝对称性，下部适当加垫座。

第 5 章　国内主要高拱坝整体稳定试验评价准则

高拱坝整体稳定性研究的模型试验的方法主要有超载方法、强度储备方法和综合法三种方法。超载方法假定坝基岩体的力学参数不变，逐步增加上游水荷载直至基础破坏失稳，由此得到的水荷载超载倍数称为超载安全度；强度储备方法考虑坝基岩体本身具有一定的强度储备能力，逐步降低岩体的设计力学参数直至基础破坏失稳，由此得到的降低材料参数的倍数称为强度储备安全度；综合法是超载方法和强度储备方法的结合，既考虑到工程可能遇到超过若干倍的上游水荷载，又考虑到工程中岩体以及软弱结构面的力学参数逐步降低对稳定的影响，由此得到的超载倍数和降强倍数的乘积称为综合稳定安全度。

地质力学模型试验具有以下优点：

(1) 它是一种非线性破坏极限的分析方法，能够得到相当明显的形象概念和宏观、量化的安全指标。

(2) 能够得出拱坝整体破坏的全过程，如裂隙或滑移面的形成和发展直至破坏。

(3) 可以为其他数值计算方法假定滑移面或剖分单元以及加载措施等提供参考依据。

地质力学模型试验的缺点如下：

(1) 难以考虑地震、渗透压力和温度变化等荷载因素。

(2) 难以找到能够完全地按相似理论要求来模拟坝体混凝土和坝基的模型材料。

(3) 高拱坝的受力机制非常复杂，模型试验难以模拟诸多非线性影响，对分析成果量化估计的合理性问题以及模型试验技术问题值得进一步研究。

近 30 多年来，地质力学模型广泛运用于高拱坝结构破坏和坝肩稳定性的分析研究，积累了大量的研究成果。由于目前拱坝设计规范中对试验成果的控制指标没有明确规定，如何认识和评价试验的结果是工程上所关心的问题。为此，本书根据清华大学脆性结构实验室多年的研究成果，汇总多座拱坝的大坝整体超载能力的安全度[K_1（弹性安全度）、K_2（非线性开始安全度）和 K_3（极限荷载），如表 5.1 所示]，通过引入统计分析模型对最近国内即将建设和已建成的 300m 级高拱坝的整体稳定做出新的评价分析，即用试验得到的大坝非线性荷载 K_2 与大坝的厚高比 E_1 的经验回归效果最好，并得出了判断 K_2 的上下限回归方程，可用于指导大坝的初步优化设计。

第 1 节　拱坝整体稳定评价指标的选择

为使稳定评价准则具有通用性，应该使选择的参数满足无量纲，并使影响因素也通过无量纲数值的形式表现出来。

1.1　坝体参数的选择

由于拱坝本身的结构非常复杂，它的特征参数非常多，为使问题简化，参照以前的研究经验，我们选定对大坝整体稳定有关键影响的几个宏观参数作为影响因子。这些参数包括：坝高（H）、拱圈弧长（L）、坝厚（B）、弧度（R）、坝肩嵌深（D）。

根据对大坝稳定影响的重要程度，我们选择的坝身参数为：坝高 H、坝底厚度 D 和坝顶弧长 L。

1.2　影响建基面整体稳定的机制因素的选择

选择影响整体稳定的机制因素的原则，应该使它们尽可能完整地反映客观环境，同时与坝体本身条件有关联。影响大坝整体稳定的因素有很多，如地质地形条件、水文条件、水力作用等。但是这些因素很多都只能用文字表达，无法应用到评价体系中。

如何能用数值来量化这些因素呢？

本书采用地质力学模型超载试验评价大坝整体稳定的方法。在模型试验中将大坝的起裂荷载、非线性变形荷载以及破坏极限荷载分别用 K_1、K_2 和 K_3 来表示。它们反映大坝在一定的荷载作用下，与大坝基础联合作用抵抗荷载的能力。因为试验模型基本反映了大坝实际的运行情况，而且通过 40 年来的不断积累，已经形成了一套可评判大坝整体安全的对比表，见表 5.1。

表 5.1　典型高拱坝地质力学模型试验安全度及坝体主要参数

编号	工程名称	坝高	弧长	坝底厚	厚高比	弧高比	K_1	K_2	K_3
1	紧水滩双曲拱坝	102	392.8	24.61	0.24	3.85	2	3.9	10
2	东风双曲拱坝（厚坝）	166	272.2	33	0.20	1.64	2	4	12
3	东风双曲拱坝（薄坝）	166	272.2	32	0.19	1.64	2	3.8	8
4	李家峡双曲拱坝（地基不处理）	165	438	45	0.27	2.65	1.6	3	5.4
5	铜头双曲拱坝(地基加固)	75	110	15.3	0.20	1.47	1.5	1.5	4.0
6	薯沙溪	82.3	222.8	14	0.17	2.71	1.25～1.3	2.5	3.5
7	锦屏一级（天然）（2003 年）	305	698.1	72	0.24	2.29	1.5～2	3～4	5～6
8	锦屏一级（基础处理）（2003 年）	305	568.6	58	0.19	1.86	2	3.5～4	6～7
9	锦屏一级（基础处理）（2006 年）	305	552.2	63	0.21	1.81	2.5	4～5	7.5
10	小湾双曲拱坝	292	937.3	72.91	0.25	3.21	1.5～2	3	7
11	二滩双曲拱坝（模拟岩体凝聚力 c 值）	245	775	55.74	0.23	3.16	2	4	11～12
12	构皮滩（处理）	232.5	552.5	50.28	0.22	2.38	2.4	4.4	8.6
13	拉西瓦（2004 年）	250	545	49	0.20	2.18	2.18	3.5～4	7～8
14	溪洛渡拱坝（可研方案）	278	710	69	0.25	2.55	1.8	5	6.5～8
15	溪洛渡拱坝（优化方案）	278	650	62	0.22	2.34	1.8～2	4.5	8.5
16	大岗山	210	623.7	52	0.25	2.97	2	4.5	9.5

从表5.1可以看出，K_1、K_2 和 K_3 分别反映大坝的起裂和非线性荷载，以及在破坏荷载作用下的极限安全度，本书选择 K_1、K_2 和 K_3 与大坝特征参数的不同组合的散点图基础上进行简单的直线回归，来分析它们与影响建基面整体稳定的外部因素的关系，达到评价大坝稳定的目的。

第2节　拱坝整体稳定评价指标的统计方法

建立拱坝整体稳定评价准则，关键是确定一个能够与 K_1、K_2 和 K_3 组合的评价因子。评价因子用符号 E 表示，为坝体本身参数的选择组合。以多组大坝参数为数据，对坝体参数进行不同的组合计算出评价因子 E，结合各自的 K_1、K_2 和 K_3，在点绘图中进行拟合，并以拟合后的曲线为基础确定一个能够包含大部分数据点的合理范围。在多种 E 的组合方案中选取最合适的一个。选用的原则为：拟合曲线的标准差尽可能小，同时由此曲线确定的范围内数据点密度尽可能大。

2.1　评价因子 E 的组合

我们知道，拱坝越长越高，受到的水推力越大，其安全度相对就越小；拱坝越厚，结构就越稳定，安全度就越高。这样，初步可以断定坝高 H 和坝长 L 与安全度 K 成反比，而坝底厚度 D 与安全度 K 成正比。

本书初步确定两种评价因子的组合方案，为区别起见，这里用 E_1 和 E_2 分别表示两种不同的组合，即组合一为大坝的厚高比，组合二为大坝的弧高比：

组合一：
$$E_1 = B/H \tag{5.1}$$

组合二：
$$E_2 = L/H \tag{5.2}$$

按照式（5.1）和式（5.2）分别计算出各大坝评价因子值 E_1 和 E_2，如表5.2所示。为安全起见，在表5.2中 K_1、K_2 和

K_3 一律取表 5.1 中的最小值。

表 5.2　典型大坝地质力学模型试验安全度及坝体主要参数

编号	工程名称	E_1	E_2	K_1	K_2	K_3
1	紧水滩双曲拱坝	0.24	3.85	2	3.9	10
2	东风双曲拱坝（厚坝）	0.20	1.64	2	4	12
3	东风双曲拱坝（薄坝）	0.19	1.64	2	3.8	8
6	薯沙溪	0.17	2.71	1.25	2.5	3.5
8	锦屏一级（基础处理）（2003 年）	0.19	1.86	2	3.5	6
9	锦屏一级（基础处理）（2006 年）	0.21	1.81	2.5	4	7.5
11	二滩双曲拱坝（模拟岩体凝聚力 c 值）	0.23	3.16	2	4	11
12	构皮滩（处理）	0.22	2.38	2.4	4.4	8.6
13	拉西瓦（2004 年）	0.20	2.18	2.18	3.5	7
14	溪洛渡拱坝（可研方案）	0.25	2.55	1.8	5	6.5
15	溪洛渡拱坝（优化方案）	0.22	2.34	1.8	4.5	8.5
16	大岗山	0.25	2.97	2	4.5	9.5

2.2　回归统计原理和要求

在对 E_1 和 E_2 与 K_1、K_2 和 K_3 进行回归拟合时，采用一次线性回归，其方法原理如下：

将组合一和组合二的计算值 E_1 和 E_2 分别定义为变量 x_1 和 x_2，安全度因子 K_1、K_2 和 K_3 分别定义为变量 y_1、y_2、y_3 则可用简单的回归方程分别表示针对 E_1 和 E_2 与 K_1、K_2 和 K_3 的一次线性回归，其回归方程如下：

$$y_i = a + bx_i \tag{5.3}$$

其中　$i=1,2,3$

通过上式统计回归，可以认为有关大坝参数的计算组合 E_1 和 E_2 是自变量，而大坝的安全因子 K_1、K_2 和 K_3 是因变量，也就是我们认为由于 E_1 和 E_2 的变化而导致 K_1、K_2 和 K_3 的变化，即 K_1、K_2 和 K_3 不是确定的值对应某个确定的 E_1 和 E_2 的群体的 y 值平均值的估计。该方程的物理意义可以从其等式右边的组成来理解。即每个预测值都可被分解成两部分：

（1）常量：为 $x=0$ 时回归直线在 y 轴上的截距，即 x 取值为零时 y 的平均估计量。

（2）回归部分：反映因变量 y 的取值中，由因变量 y 与自变量 x 的线性关系所决定的部分，即可以由 x 直接估计的部分。β 称为回归系数，又称为回归线的斜率。

估计值 y 和每个实测值之间的差被称为参差，一般用 ε_i 表示。它反映了因变量 y 除了自变量 x 以外的其他所有未进入该模型或未知但可能与 y 有关的随机和非随机因素共同引起的变异，即不能由 x 直接估计的部分。往往可以假定 ε_i 服从正态分布 N（0，σ^2）。

在回归方程式（5.3）中的参数 a 和 b 一般通过最小二乘原理估计出来，所谓最小二乘原理就是指使得坐标中每一对 x 变量和 y 变量对应的点到回归直线纵向距离的平方和，或者说参差的平方和最小。

在回归分析中也要进行单因素组合的方差分析，即一个组合因素下的多个不同水平之间的关系问题，以评价与大坝安全度因子 K_1、K_2 和 K_3 相合适的组合。

2.3 评价因子方差分析的基本原理

在对大坝特征参数与 K_1、K_2 和 K_3 的关系进行方差分析中，需要比较的是多个均数，因此检验统计量中不能仅仅包含了两个均数，而必须纳入所有要比较的均数。那么如何来达到这个目的呢？

若以 y 作为观察指标，有 m 个水平（即分为 m 个组），每个水平下分别有 n_i 个观察值($i=1$，2，3，…，m)。

令 y_{ij} 表示第 i 个组中的第 j 个观察值，$\overline{y}_{i.}$ 表示第 i 个组的均

数，$\overline{y}_{..}$表示所有 N 个观察值的均数。显而易见：

$$y_{ij}-\overline{y}_{..}=y_{ij}-\overline{y}_{i.}+\overline{y}_{i.}-\overline{y}_{..} \tag{5.4}$$

将式（5.4）两边同时平方，即

$$\begin{aligned}(y_{ij}-\overline{y}_{..})^2&=(y_{ij}-\overline{y}_{i.}+\overline{y}_{i.}-\overline{y}_{..})^2\\&=(y_{ij}-\overline{y}_{i.})^2+(\overline{y}_{i.}-\overline{y}_{..})^2+\\&\quad 2(y_{ij}-\overline{y}_{i.})(\overline{y}_{i.}-\overline{y}_{..})\end{aligned} \tag{5.5}$$

对于全部的 N 个观察值，有

$$\begin{aligned}\sum_{i=1}^{m}\sum_{j=1}^{n_i}(y_{ij}-\overline{y}_{..})^2&=\sum_{i=1}^{m}\sum_{j=1}^{n_i}(y_{ij}-\overline{y}_{i.}+\overline{y}_{i.}-\overline{y}_{..})^2\\&=\sum_{i=1}^{m}\sum_{j=1}^{n_i}(y_{ij}-\overline{y}_{i.})^2+\sum_{i=1}^{m}\sum_{j=1}^{n_i}(\overline{y}_{i.}-\overline{y}_{..})^2\\&\quad+2\sum_{i=1}^{m}\sum_{j=1}^{n_i}(y_{ij}-\overline{y}_{i.})(\overline{y}_{i.}-\overline{y}_{..})\end{aligned} \tag{5.6}$$

可以证明，式(5.6)右边最后一项为 0，于是式(5.6)可以写为

$$\sum_{i=1}^{m}\sum_{j=1}^{n_i}(y_{ij}-\overline{y}_{..})^2=\sum_{i=1}^{m}\sum_{j=1}^{n_i}(y_{ij}-\overline{y}_{i.})^2+\sum_{i=1}^{m}n_i(\overline{y}_{i.}-\overline{y}_{..})^2 \tag{5.7}$$

在方差分析中，代表变异大小，并用来进行变异分解的指标就是离均差平方和，式(5.7)左边所有的 N 个 y 的离均差平方和，代表总的变异程度，记为 SS_T。这个总变异被分解为两项：第一项是各组的离均差平方和之和，代表组内变异，称为组内平方和，记为 SS_w；第二项为按样本含量大小加权的各组均数与总均数的差值平方之和，代表组间变异，称为组间平方和或者处理平方和，记为 SS_B。即

总变异＝组内变异＋组间变异

其中组间变异既包含了处理因素的作用（如果这个作用存在的话)，也包括了随机误差。而组内变异仅体现了随机误差。显然，上述实际数据的变异分解公式和理论上的变异分解公式间存在着如下的对应关系：

总变异＝随机变异＋处理因素导致的变异

↓　　↓　　↘　↓

总变异＝组内变异＋组间变异

这样，我们可采用一定的方法来比较组内变异和组间变异的大小，如果后者远远大于前者，则说明处理因素的影响的确存在，如果两者相差无几，则说明该影响不存在，以上就是方差分析的基本思想。

方差分析的检验统计量可以简单地理解为利用随机误差作为尺度来衡量各组间的变异，即

$$F=\frac{\text{组间变异测量指标}}{\text{组内变异测量指标}} \tag{5.8}$$

2.4　回归系数的计算和检验

式（5.3）中 a 和 b 的数值分别通过下列公式算出：

$$b=l_{xy}/l_{xx},a=\overline{y}-b\overline{x},v=n-2 \tag{5.9}$$

回归系数 b 计算出来以后需要对其进行假设检验，以确定求出的不为 0 的回归系数并不是由于抽样误差而导致的。对于回归系数的假设检验可用 t 检验和方差分析，公式分别如下。

（1）t 检验：其检验统计量为 $t_b=(b-\beta)/S_b$，其中 S_b 为回归系数的标准误，其定义为

$$\left.\begin{aligned}S_b&=S_{Y\cdot X}\sqrt{1/l_{xx}}\\v&=n-2\end{aligned}\right\} \tag{5.10}$$

（2）方差分析（其原理见前面所述）：

$$\left.\begin{aligned}F&=\frac{MS_{\text{回归}}}{MS_{\text{剩余}}}=\frac{SS_{\text{回归}}/v_{\text{回归}}}{SS_{\text{剩余}}/v_{\text{剩余}}}\\v_{\text{回归}}&=1\\v_{\text{剩余}}&=n-2\end{aligned}\right\} \tag{5.11}$$

2.5　回归分析的区间估计

在本次对大坝特征参数与试验 K_1、K_2 进行回归分析的结果

应用时，经常会涉及区间估计的问题，主要包括总体回归线的可信区间和个体 Y 预测值的区间估计。

1. 总体回归线的可信区间

可以对回归线的总体进行可信区间的估计，该区间的估计范围在散点图上表现为一个二维空间的弧形区带，也称为回归线的置信带。以 95%的区间为例，其含义是在满足线性回归的假设条件下，两条弧形曲线所形成的区域包含真实总体回归直线的置信度为 95%。其标准误如下：

$$S_{\hat{Y}X}=S_{Y.X}\sqrt{\frac{1}{N}+\frac{(X-\overline{X})^2}{\sum\ (X_i-\overline{X})^2}} \tag{5.12}$$

相应的总体回归线 $100(1-\alpha)$ %置信带为：$\hat{Y}\pm t_{\alpha(n-2)}S_{\hat{Y}}$。因为其方差是 X 的函数，所以其置信带在均数 $(\overline{X},\overline{Y})$ 处的宽度最小，越远离该均数点，则其区间宽度越大。

2. 个体 Y 预测值的区间估计

指的是当 X 为某定值时，个体 Y 值的参考值范围的波动范围，其分布的标准差 S_{Y1Xp} 按下式估计：

$$S_{Y1Xp}=S_{Y.X}\sqrt{1+\frac{1}{n}+\frac{(X_p-\overline{X})^2}{\sum\ (X-\overline{X})^2}} \tag{5.13}$$

为了简化计算，当 X 与 $\overline{X}$ 接近且 n 充分大时，可用 $S_{Y.X}$ 代替 S_{Y1Xp}，其参考值区间为 $\hat{Y}\pm t_{\alpha(n-2)}S_{\hat{Y}}$，该区间是比总体回归线置信区带更远离的两条弧形曲线，以 95%的区间为例，表示的是期望有 95%的数据点所落入的范围。

第 3 节　拱坝整体稳定评价指标的统计分析

根据上面的统计分析原理方法，我们分别对大坝的试验安全度 K_1、K_2 和 K_3 与 E_1 和 E_2 的关系进行统计回归分析。

根据初步回归计算和大坝 K_1、K_2 和 K_3 分别与大坝厚高比

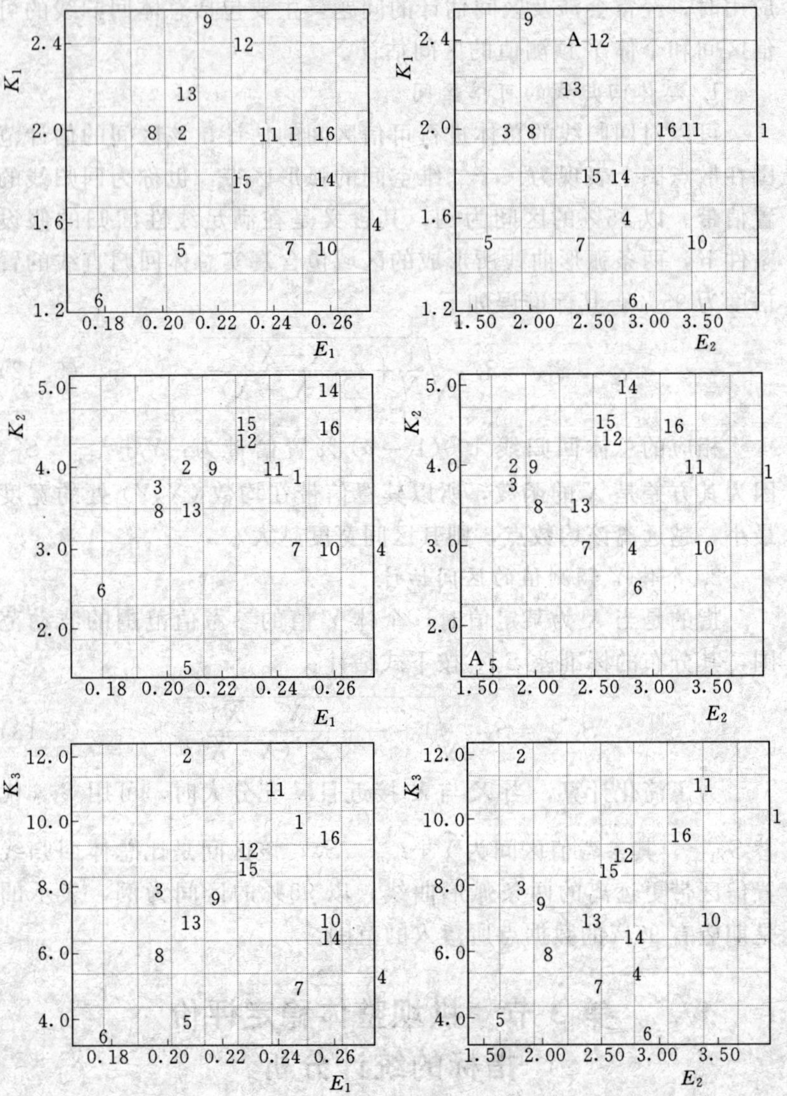

图 5.1 大坝 K_1、K_2 和 K_3 分别与大坝厚高比 E_1、弧高比 E_2 的散点图

（图中数字编号对应表 5.1 中的大坝编号）

E_1、弧高比 E_2 的散点图（见图 5.1）可知，数据离散性较大，为保证回归精度，我们可以初步在表 5.1 中剔除编号为 4、5、7、10 的有关参数，不参与回归，如表 5.2 所示。

通过不同的组合分析，组合模型如表 5.3 所示，分析结果分别显示在表 5.3～表 5.5 和每个模型回归对应的加绘总体可信区间、个体预测区间估计范围以及回归线的散点图（见图 5.1）。图 5.1 中曲线意义如图 5.3 中所示。

表 5.3　　回归模型总结

编号	模型	相关系数	决定系数	校正后决定系数	回归系数的标准误差
1	K_1-E_1	0.256	0.066	−0.028	0.3183
2	K_1-E_2	0.255	0.065	−0.029	0.3184
3	K_2-E_1	0.826	0.682	0.650	0.3759
4	K_2-E_2	0.070	0.005	−0.095	0.6652
5	K_3-E_1	0.482	0.232	0.155	2.1329
6	K_3-E_2	0.168	0.028	−0.069	2.3995

表 5.4　　方差分析结果

编号	模型	平方和	df	均值平方	方差检验	显著度
1	回归	0.071	1	0.071	0.704	0.421
	残差	1.013	10	0.101		
	总数	1.084	11			
2	回归	0.070	1	0.070	0.695	0.424
	残差	1.014	10	0.101		
	总数	1.084	11			
3	回归	3.033	1	3.033	21.461	0.001
	残差	1.413	10	0.141		
	总数	4.447	11			
4	回归	0.022	1	0.022	0.049	0.829
	残差	4.425	10	0.442		
	总数	4.447	11			

续表

编号	模　型	平方和	df	均值平方	方差检验	显著度
5	回归	13.749	1	13.749	3.022	0.113
	残差	45.494	10	4.549		
	总数	59.243	11			
6	回归	1.668	1	1.668	0.290	0.602
	残差	57.575	10	5.757		
	总数	59.243	11			

表 5.3 不但显示了组合模型，也是对回归方程拟合情况的描述，表中的决定系数的含义是自变量 E_1 和 E_2 所能解释的方差在总方差中所占的百分比，其取值越大说明模型的效果越好，也就是决定系数越大该因素所起的作用越大，从表可看出模型 3，即用试验得到的大坝非线性荷载 K_2 与大坝的厚高比 E_1 的经验回归方程最好。

表 5.4 是对各模型进行方差分析的结果，主要是对回归系数做检验，从表中可看到方差分析的结果模型 3 最大，为 21.46。表中显著度小于 0.05 说明统计有意义，从表可看出，模型 3 的显著度为 0.01，说明其回归效果最好，通过 t 检验的结果也说明回归系数是有统计意义，而其他的统计显著度都大于 0.05，说明目前样本的统计效果不理想。从图 5.2 可以分析出一些有意义的结果：

（1）大坝起裂荷载 K_1 与厚高比 E_1 成正比，而与弧高比则 E_2 成反比。

（2）大坝非线性荷载 K_2 与厚高比 E_1 成正比，且有良好的统计意义，而与弧高比 E_2 基本没关系。

（3）大坝极限荷载 K_3 与厚高比成正比，而与弧高比 E_2 关系不明显。

表 5.5 给出了回归系数的估计值、置信区的上下边界值和检验结果。

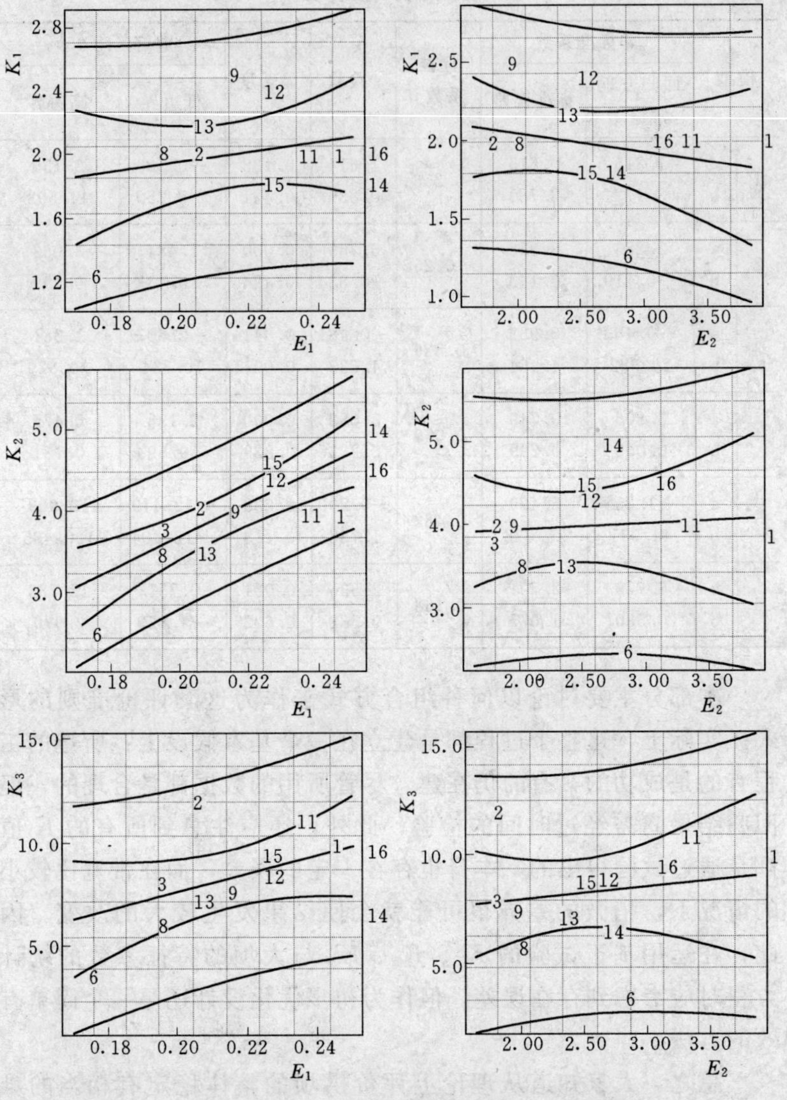

图 5.2　大坝 K_1、K_2、K_3 与大坝厚高比 E_1、弧高比 E_2 的回归线、总体可信区及个体预测区间估计图

（图中数字编号对应表 5.1 中大坝编号）

表 5.5 回归方程系数

模型		非标准系数		标准系数 β	t 检验	显著度	置信区间 95%	
		回归方程常量 B	标准误差				低边界	高边界
1	a	1.315	0.815	0.256	1.614	0.138	−0.500	3.130
	b	3.172	3.780		0.839	0.421	−5.250	11.593
2	a	2.283	0.358	−0.255	6.369	0.000	1.484	3.082
	b	−0.119	0.143		−0.834	0.424	−0.438	0.199
3	a	−0.463	0.962	0.826	−0.481	0.641	−2.607	1.681
	b	20.682	4.464		4.633	0.001	10.734	30.629
4	a	3.806	0.749	0.070	5.083	0.000	2.138	5.475
	b	0.066	0.299		0.222	0.829	−0.599	0.731
5	a	−1.255	5.459	0.482	−0.230	0.823	−13.419	10.909
	b	44.031	25.328		1.738	0.113	−12.404	100.465
6	a	6.770	2.701	0.168	2.506	0.031	0.751	12.788
	b	0.580	1.077		0.538	0.602	−1.820	2.979

本部分主要讨论以何种组合方式来作为这套评价准则的形式。实际上，这整个过程都是建立在一个基本假设上：所选的工程有的是成功的，有的仍在建。尽管所用的数据都是合理的，但回归结果尚需经过时间的检验；此外，还应注意到所有的 K 值都是通过试验得出的，本身也存在一定的误差，而在带宽比较小的情况下，稍微的差异很可能就会使结果发生较大的改变。因此，在运用基于试验的 K_1、K_2、K_3 与大坝的特征参数的统计方程时应考虑到存在误差，但作为初步优化设计还是一个简单有效的方法。

总之，大家知道从理论上评价拱坝的整体稳定有相当的难度，结合清华大学水利系 20 多年对国内多个拱坝的地质力学模型和自编的整体安全评价标准的经验，通过引入统计分析模型对最近国内即将建设和已建成的特高拱坝的整体稳定做出新的评价分析，即用试验得到的大坝非线性荷载 K_2 与大坝的厚高比 E_1 的经验回归方程最好。

第 4 节 有限元计算结果的比较

近 10 多年来，有限元法已广泛运用于高拱坝结构特性和坝肩稳定性计算分析，积累了大量的研究成果。由于目前拱坝设计规范中对有限元法计算成果的控制指标没有明确规定，如何认识和评价有限元计算特征值是工程上所关心的问题。为此，本书根据多年的研究提出以下的设计特征值，依据实例数据作为当前拱坝设计的参考，并汇总了几座拱坝安全系数的有限元计算值，见表 5.6，可以同地质力学模型试验结果对比分析。

表 5.6 大坝安全度表（由计算得出成果）

工 程 名 称	点安全度 P.S.F	整体安全度 K
溪洛渡拱坝可研方案	2.0	8.0
溪洛渡拱坝优化方案	2.0	7.5
黑部川	2.5	5.0
川治坝	1.8	7.0
川候坝	2.5	4.0
奈川渡	2.0	4.5
龙羊峡	1.5	4.0
白山	1.8	4.5
二滩	2.0	8～9
拉西瓦左岸Ⅱ号变形体	1.5	3.5
李家峡左岸金三角体	1.2～1.8	5.0
英古里	2.0	6.5
伊泰普	2.0	3.5
龙滩左岸地基	1.2	3.2

续表

工　程　名　称	点安全度 P.S.F	整体安全度 K
小湾拱坝地基	1.5	7.0
东风	1.3	6.5
紧水滩	2.3	10.0
马尔帕赛	0.5	0.8
科尔不赖恩	0.7～1.5	3.2
喀次	2.1	8
石门子	2.5	6.5
铜头双曲拱坝	1.5	4.5
大岗山拱坝（2005 年，未处理）	2.0	7.0～8.0
锦屏一级（2003 年 4 月，未处理）	1.5～2.5	5.0
锦屏一级（2003 年 9 月，加固）	1.5～3.5	6.0～7.0
锦屏一级拱坝（2006 年，深化体型 6，处理）	1.5～4.0	7.0

参 考 文 献

1 Antonio Fereira da Silveira 等. 高密度低强度的地质力学模型材料. 见：国际岩石力学学会（ISRM）—地质力学模型国际讨论会论文集，意大利贝加莫，1979

2 ASTM. Test Method for Unconfined Compressive Strength of the Intact Rock Core Specimens. ASTM designation D2938－86，1986

3 Belleville C，Duplain G. White－light interferometric multimodefiber－optic strain sensor [J]. Optics Letters，1993，18（1）：78－80

4 Choquet P，Leroux R，Juneau F. New fabry－pérot fiber optic sensors for structural and geotechnical monitoring applications [J]. Transportation Research Record，1997，1 596：39－44

5 Duplain G，Belleville C，Bussière S，et al. Absolute Fiber－Optic Linear Position and Displacement Sensor [A]. In：Proc. of 12th International Conference on Optical Fiber Sensor [C]. Williamsburg：VA，1997

6 E Oberti. Model Analysis of Modern large Dams.（印度）Water World，1979，Ⅱ：10－12

7 E 富马加利. 静力学模型与地质力学模型. 北京：水利电力出版社，1979

8 Emanuele Fumagalli. 大坝基础的地质力学模型. 见：国际岩石力学学会（ISRM）—地质力学模型国际讨论会论文集，意大利贝加莫，1979

9 J Liu，X T Feng，X L Ding et al. Stability assessment of the Three－Gorges Dam foundation，China，using physical and numerical modeling—Part I：physical model tests. *Int. J. Rock Mech. & Mining Sci.*，2003（40）：609－631

10 R E Heuer，A J Hendron，Jr. Geomechanical model study of the behavior of underground openings in rock subjected to static loads（Report 2）—Tests on unlined openings in intact rock. AD report，1971

11 Rao Yunjiang. In－fiberBragg grating sensors [J]. Measurement Science and Technology，1997，8（4）：335－375

12 Rock characterization，testing & monitoring：ISRM suggested methods，

Oxford; New York: Published for the Commission on Testing Methods, International Society for Rock Mechanics by Pergamon Press, 1981
13 Tsang C M, England G L. Potential of Fibre Optic Sensing in Geotechnical Applications [J]. Geotechnical News, 1995, 13 (4): 36-39
14 W Schober, B Lachinger. 有内部防渗墙的坝承载性能的模型试验研究. 见:国际岩石力学学会(ISRM)—地质力学模型国际讨论会论文集,意大利贝加莫,1979
15 ZlatkKo Langof. 不连续介质中隧洞的模型试验和量测方法. 见:国际岩石力学学会(ISRM)—地质力学模型国际讨论会论文集,意大利贝加莫,1979
16 安徽省水利科学研究所. 弹性空间问题的完全试验解. 人民长江,1980 增刊
17 陈晓梅,李新良,曾吾等. 用纤内 Bragg 光栅进行动态应变测量的研究 [J]. 航空计测技术,2002,22 (6):3-7
18 陈兴华等. 脆性材料结构模型试验. 北京:水利电力出版社,1984
19 成都科技大学水科所结构室. 砌体结构模型试验问题的探讨. 见:砌石拱坝技术经验汇编. 北京:水利电力出版社,1980
20 东风水电站双曲拱坝(88—40 型)地质力学模型破坏试验研究. 清华大学水电系,1989
21 二滩水电站大坝 33#、34# 坝段下游面裂缝检查成果. 二滩水电开发有限责任公司,2005
22 二滩水电站拱坝整体地质力学模型破坏试验报告(Ⅱ). 清华大学水电系,1992
23 封建湖. 数值分析. 第四版. 西安:西北工业大学出版社,2006
24 高大水,郭春茂. 地质力学模型试验在高边坡研究中的应用. 长江科学院院报,1992,9 (3):65-71
25 高拱坝坝基稳定研究拱坝与地基整体失稳机理及分析方法研究(模型试验). 清华大学水利水电工程系,2000
26 龚召熊. 关于地质力学模型材料的研究. 水利水电技术,1980
27 郭呈祥. 光纤传感器 [J]. 工科物理,1994,(2):44-46
28 郭玉彬,葛璜. 光纤 Bragg 光栅的研究 [J]. 光学精密工程,1999,7 (1):31-38
29 华北水利学院. 模型测量技术,北京:水利电力出版社,1983.
30 华东水利学院水工结构实验室. 脆性材料结构模型试验中的几个问题探讨. 人民长江,1980 增刊

31 黄河拉西瓦水电站双曲拱坝地质力学模型试验研究. 清华大学水利水电系，西北勘测设计研究院. 2004
32 黄兴鹊. 用于岩土工程检测的 Fabry - Pérot 光纤传感器 [R]. 香港：欧美大地仪器有限公司，2001
33 中华人民共和国水利部. 混凝土拱坝设计规范. 北京：中国水利水电出版社，2003
34 姜德生，何伟. 光纤光栅传感器的应用概况 [R]. 武汉：武汉理工大学光纤传感技术国家重点工业性试验基地，2003
35 姜小兰，操建国，孙绍文. 构皮滩双曲拱坝整体稳定地质力学模型试验研究，长江科学院院报，2002，19（6）：21 - 24
36 姜小兰，操建国. 江口双曲拱坝整体稳定地质力学模型试验研究 [J]. 人民长江，2001，32（3）：28 - 30
37 蒋锁江. 混凝土拱坝基础处理工程技术. 北京：科学出版社，2005
38 李朝国，陆金池，张林，胡成秋. 综合法与超载法在沙牌 RCC 拱坝坝肩稳定分析中的应用. 四川联合大学学报（工程科学版），1997，1（3）：64 - 71
39 李干荣. 流溪河小车水电站拱坝结构模型试验与应力分析. 水电发电，1958（15）
40 李家峡双曲拱坝地质力学模型破坏试验报告. 清华大学水电系，1991
41 李天斌. 拱坝坝肩稳定性的地质力学模拟研究. 岩石力学与工程学报，2004，23（6）：1670 - 1676
42 李瓒，陈兴华等. 混凝土拱坝设计. 北京：中国电力出版社，2000
43 林鹏. 拱坝整体稳定及开裂分析. 清华大学博士后报告，2004
44 刘建，冯夏庭，张杰等. 三峡工程左岸厂房坝段深层抗滑稳定的物理模拟，岩石力学与工程学报，2002，21（7）：993 - 998
45 刘雄. 光纤传感技术在岩土力学与工程中的应用研究 [J]. 岩石力学与工程学报，1999，18（5）：497 - 502
46 马库塞. 光纤测量原理. 北京：人民邮电出版社
47 马水山，王志望，李端有等. 光纤传感器及其在岩土工程中的应用 [J]. 岩石力学与工程学报，2001，20（增）：1692 - 1694
48 潘家铮.《特高拱坝枢纽分析与重点问题研究》（李赞，陈飞，郑建波等）"序". 北京：中国电力出版社，2004
49 乔治·海默尔·李. 实验应力分析. 北京：高等教育出版社，1960
50 水工结构实验室. 脆性结构材料模型试验技术，1979（3）
51 中国水利水电科学研究院，南京水利科学研究院. 水工模型试验. 第

二版．北京：水利电力出版社，1985
52 四川省雅砻江锦屏一级水电站可行性研究报告工程布置及建筑物附件13天然地基拱坝及坝肩整体地质力学模型试验研究．清华大学水利水电工程系．2003
53 孙圣和，王延云．光纤测量与传感技术．哈尔滨：哈尔滨工业大学出版社
54 天津大学材料力学教研室电测组．电阻应变仪测试技术．北京：科学出版社，1980
55 王仁坤，特高拱坝建基面嵌深优化设计分析与评价，清华大学博士学位论文，2007
56 武汉水利电力学院．建筑材料．北京：水利电力出版社，1979
57 徐宏文．应力分析．北京：科学出版社，1964
58 于骁中，居襄．关于格利菲思强度准则的适用范围和裂缝形状对准则的影响．水利学报，1980（5）
59 于骁中，居襄．混凝土的强度和破坏．水利学报，1983（2）
60 张光斗，周维垣，杨若琼等．二滩水电站双曲拱坝右坝肩稳定性的地质力学模型试验研究［R］．北京：清华大学，1983
61 张林，陈建康，张立勇等．溪洛渡高拱坝坝肩稳定三维地质力学模型试验分析．见：第八次全国岩石力学与工程学术大会论文集，2004：946－950
62 张林，马衍泉，胡成秋．高边坡稳定的三维地质力学模型试验研究．水电站设计，1994，10（3）：39－50
63 张文彤，董伟．SPSS统计分析高级教程．北京：高等教育出版社，2004
64 周维垣．铜头双曲拱坝整体稳定分析．见：第八届国际岩石力学大会文集．东京，1995
65 周维垣，杨若琼．古城拱坝模型试验研究．清华科学报告，1975
66 周维垣，陈兴华，杨若琼等．水利规划与设计高拱坝整体稳定地质力学模型试验研究，2003
67 周维垣．高等岩石力学．北京：水利电力出版社，1989
68 周维垣，林鹏等．300m级高拱坝合理建基面优化设计研究．清华大学水利系研究报告，2007
69 周维垣，杨强，杨若琼，林鹏等．锦屏二级水电站深埋长隧洞三维地质力学模型试验及数值稳定分析研究．清华大学水利系研究报告，2005

70 周维垣，杨若琼．抛物线型拱坝坝肩断裂破坏试验研究．水利学报，1986
71 周维垣，杨若琼，杨强，林鹏等．大岗山拱坝整体稳定地质力学模型试验及数值仿真分析．清华大学水利系研究报告，2006
72 周维垣，杨若琼，杨强，林鹏等．锦屏一级拱坝整体稳定与加固措施数值仿真分析及整体地质力学模型试验．清华大学水利系研究报告，2006
73 周维垣，杨若琼，杨强，林鹏等．锦屏一级水电站拱坝整体稳定仿真破坏分析和加固地基地质力学模型试验研究．清华大学水利系研究报告，2003
74 周维垣，杨若琼，杨强，林鹏等．锦屏一级水电站天然地基拱坝及坝肩整体地质力学模型试验．清华大学水利系 2002
75 周维垣，杨若琼，杨强，林鹏等．拉西瓦双曲拱坝三维地质力学模型试验．清华大学水利系，2004
76 周维垣，杨若琼，杨强，林鹏等．溪洛渡拱坝三维地质力学模型试验．清华大学水利系，2004
77 周维垣，杨若琼，杨强，林鹏等．溪洛渡水电站三维整体地质力学模型试验研究．清华大学水利系研究报告，2003，2004
78 周维垣，杨若琼，杨强，林鹏等．小湾拱坝平面地质力学模型试验．清华大学水利系，2004
79 周维垣，杨若琼，杨强，林鹏等．小湾平面地质力学模型试验研究，清华大学水利系研究报告，2004
80 周维垣，杨若琼，刘耀儒，林鹏．高拱坝整体稳定地质力学模型试验研究．水力发电学报，2005，24（1）：53-58
81 周维垣，杨若琼，罗光福．东风水电站双曲拱坝整体有限元分析及模型试验［A］，见：第二次全国岩石力学与工程学术会议论文集［C］．北京：知识出版社，1989：30-43
82 周维垣，杨若琼，杨强，沈大利．拱坝非线性设计的准则研究
83 朱伯方．建筑物温度应力的相似律．土木工程学报，1958，5（4）
84 朱伯方，王同生，丁宝瑛，郭之章．土木混凝土结构物的温度静力与温度控制．北京：水利电力出版社，1976
85 庄得恩．试验应力分析的若干问题及方法．北京：科学出版社，1979
86 左东启．模型试验的理论和方法．北京：水利水电出版社，1984

出版者的话

尊敬的读者：

为适应国家建设发展的需要，为及时反映有关“新标准、新规程、新规范、新理论、新技术、新材料、新工艺、新方法”，为有志于在土木工程领域传播和推广科学技术知识的人士构筑学术出版平台，为渴求知识的读者在工作实践中的学习交流和继续教育创造机会，由中国水利水电出版社和知识产权出版社与清华大学土木工程系联手，倾力推出的“简明土木工程系列专辑”中的第一批出版物正式与您见面了。

在此，我们特别感谢您对本套专辑的热切关注。

为使您对本套专辑有更多的了解，以下一并列出2006～2007年已经出版和今后即将陆续出版的图书。如果您有什么要求，有什么意见和建议，真诚地希望和欢迎您随时与我们取得联系。具体联系方式详见版权页上的E-mail地址。

再次感谢您对本套专辑的支持与厚爱！

“简明土木工程系列专辑”
系列出版物

伟大的土木工程
岩土工程实用原位测试技术
客运站设计与智能化客运站
建筑消防系统
地下结构稳定性分析
建筑装饰材料
建筑工程结构荷载学
品味钢筋混凝土
工程优化技术
动力机器基础
轻钢结构新技术
土力学与地基基础
简明程序结构力学
空间钢结构新技术
高性能膨胀混凝土
水泥混凝土及外加剂
水电站设计的新进展
建筑抗震鉴定与加固
多高层钢结构住宅设计
浅基础设计及程序设计
弹性地基梁板实用计算
建筑的灾害与安全设防
钢-混凝土组合梁设计
自密实混凝土技术手册
城市生活垃圾处理工程
框架结构的计算与构造
房屋改造工程原理与应用
火灾后建筑物鉴定与加固
基础隔震结构设计及施工指南
剪力墙结构的分析与设计
钢筋混凝土圆形容器设计
高楼顶钢塔动力性能与减振控制
结构原理与结构概念设计
桥梁施工技术及质量控制
城市污水处理及回用技术
预应力加固法理论与实践
土力学与地基基础应试要点
高层建筑基础实用设计方法
新型建筑防水材料实用手册
预应力混凝土圆池结构设计
建筑施工常见质量问题及对策
混凝土结构加固实用技术手册
抗氯盐高性能混凝土技术手册
区域性特殊土的地基处理技术
PKPM 系列程序在土木工程中的应用
高拱坝地质力学模型试验方法与应用
结构工程师常用计算数据速查手册
房屋建筑加固实用方法及其新技术
高层建筑结构地震响应的时程分析法
公路桥涵钢筋混凝土受弯构件的计算
工程事故与安全·结构裂损机理
工程事故与安全·后桩基础时代
工程事故与安全·结构加固技术
工程事故与安全·典型事故实例
工程事故与安全·结构方案论证
在役桥梁检测、可靠性分析与寿命预测
平面结构弹塑性地震响应分析软件 NDAS2D 及其应用
……